SCHNEIDER & CIE

13 Novembre 1916.

MATÉRIELS DE 155 $^M/_M$ L.

MODÈLE 1877-1914

NOMENCLATURE

des Outillages, Armements, Rechanges et Accessoires

établie d'après documentation fournie par M. le Commandant Crussard

SCHNEIDER & CIE

13 Novembre 1916.

MATÉRIELS DE 155 $^M/_M$ L.

MODÈLE 1877-1914

NOMENCLATURE

des Outillages, Armements, Rechanges et Accessoires

établie d'après documentation fournie par M. le Commandant Crussard

NUMÉRO des PLANS	LETTRE	DÉSIGNATION DES GROUPES ET PIÈCES	QUALITÉ des MATIÈRES	QUANTITÉS	
				déjà commandées par GUERRE	à commander par GUERRE
		Culasses à ouverture à droite complètes comprenant :		90	»
4006	A	1 Tête mobile. . . . . Commandé sur plan 4001 A tracé de forge	Ac. au chrome trempé recuit 75.50.12		
—	B	1 Écrou de tête mobile. . . do B	do 70.45.16		
—	C	1 Bague de tête mobile. . . do C	do 70.45.16		
—	D	1 Grain AR de tête mobile. do D	do 75.50.12		
—	E	1 Clavette (1 ressort, ac. res. trempé, 1 vis Ac. dur) . . .	Acier dur		
—	F	1 Rondelle du grain de tête mobile.	C. R. recuit		
—	G	1 Grain de lumière.	C. R.		
4007 b	A	1 Marteau du percuteur.	Ac. DO doux trempé		
—	B	1 Axe du marteau	Acier dur		
—	C	1 Support d'axe du marteau.	do		
—	D	1 Vis de fixation du support.	do		
—	E	1 Vis de fixation du support.	do		
—	F	1 Vis arrêtoir de la clavette	do		
—	G	1 Rondelle d'axe du marteau	do		
—	H	1 Goupille de la rondelle	do		
—	I	1 Clavette (1 vis A. dur, 1 ressort A. trempé)	do		
—	J	1 Doigt d'accrochage du levier.	do	Série	
—	K	1 Ressort du doigt.	Acier ressort trempé	pour une	
—	L	1 Butée du doigt.	Acier demi-dur	culasse	
4009 b	A	1 Butée du volet.	Ac. DO doux trempé	renversée	
—	B	1 Vis de fixation de la butée.	Acier dur	complète.	
—	C	1 Clé.	Ac. DO doux trempé		
—	D	1 Goupille de retenue de la clé.	Acier ressort trempé		
4010 b	A	1 Levier de manœuvre (1 bouchon A. dur) . . . . . . (Commandé sur plan de forge 1003 A)	Ac. au chrome trempé recuit 70.45.16		
—	B	1 Axe du levier (commandé sur plan de forge 1005 B) . .	do		
4012	A	1 Verrou de mise de feu (1 grain) (1 goupille A. dur). . .	Ac. DO doux trempé		
—	B	1 Extracteur d'étoupille.	do		
—	C	1 Percuteur.	do		
—	D	1 Butée de percuteur.	do		
—	E	1 Ressort du percuteur	Acier ressort trempé		
4016 a	A	1 Galette d'obturateur	Toile : amiante 80 %, suif 20 %		
—	B	1 Anneau extérieur AR.	Laiton écroui C. 65, Z. 33, Alum. 2 %		
—	C	1 Anneau extérieur AV.	do		
—	D	1 Anneau intérieur.	Laiton étiré C. 70 %, Z. 30 %		

PIÈCES FORGÉES		PIÈCES USINÉES		ÉCHELONNEMENT DES LIVRAISONS	
FOURNISSEUR	QUANTITÉ	FOURNISSEUR	QUANTITÉ	Prévu :	Réalisé :

NUMÉRO des PLANS	LETTRE	DÉSIGNATION DES GROUPES ET PIÈCES	QUALITÉ des MATIÈRES	QUANTITÉS	
				déjà commandées par GUERRE	à commander par GUERRE
4016 a	E	2 Rondelles d'appui de l'obturateur	Tôle acier dur spéc. tr. rect. qualité scie circulaire		
4015 a	»	1 Vis culasse (tracé de finissage).	Ac. canon trempé		
		Culasses ouvertures à gauche complètes comprenant :		30	130
6 10	A	1 Levier de manœuvre.	Ac. chrômé tr. rect.		
6 11	B	1 Tête mobile.	d°		
6 11	C	1 Écrou de la tête mobile.	d°		
6 11	D	1 Bague (en 2 parties)	d°		
6 11	E	1 Grain	d°		
6 10	F	1 Poignée	d°		
8	»	Modification de la vis culasse :			
—	»	2 Poignées de vis culasse (2 goup. A. doux).	Acier dur		
9	»	Logements à pratiquer dans le volet :			
—	A	1 Boulon du loquet	A. DO doux trempé		
—	B	1 Cale de cintrage	d°		
—	C	3 Vis de fixation de la cale dont 2 suivant côtes soulignées.	Acier dur		
—	D	1 Butée du volet.	A. DO doux trempé		
—	E	1 Vis de fixation de la butée	Acier dur		
—	F	1 Clé	A. DO doux trempé		
—	G	1 Goupille	A. ress. trempé		
10	B	1 Clavette de la poignée	Acier dur		
—	C	1 Ressort d°	A. ress. trempé		
—	D	1 Tenon (1 rivet, 1 vis A. mi-dur).	A. DO doux trempé		
11	A	1 Clavette (1 ressort A. ressort trempé) 1 vis A. dur . . .	Acier dur		
—	B	1 Rondelle du grain de tête mobile.	C. R. recuit		
12	A	1 Verrou de mise de feu (1 grain A. DO doux trempé) 1 goup. A. dur	A. DO doux trempé		
—	B	1 Extracteur d'étoupilles	d°		
—	C	1 Percuteur.	d°		

| PIÈCES FORGÉES | | PIÈCES USINÉES | | ÉCHELONNEMENT DES LIVRAISONS | |
FOURNISSEUR	QUANTITÉ	FOURNISSEUR	QUANTITÉ	PRÉVU :	RÉALISÉ :

NUMÉRO des PLANS	LETTRE	DÉSIGNATION DES GROUPES ET PIÈCES	QUALITÉ des MATIÈRES	QUANTITÉS		
				déjà commandées par GUERRE	à commander par GUERRE	
12	D	1 Butée du percuteur.	A. DO doux trempé			
—	E	1 Ressort du percuteur.	Ac. ress. trempé			
13	A	1 Marteau du percuteur.	A. DO doux trempé			
—	B	1 Axe du marteau.	Acier dur			
—	C	1 Support d'axe.	do			
—	D	1 Vis de fixation du support.	do			Série
—	E	1 do	do			pour
—	F	1 Vis arrêtoir de la clavette.	do			une culasse
—	G	1 Rondelle d'axe du marteau	do			à ouverture
—	H	1 Goupille de la rondelle.	do			à gauche
—	I	1 Clavette (1 vis A. dur, 1 ressort A. trempé)	do			complète.
14	A	1 Planchette de chargement (1 vis, 5 rivets).	Laiton C=70. Z=30			
—	B	1 Anneau de la planchette	do			
15	A	1 Galette de l'obturateur	Toile { Amiante 80°/₀ Suif 20°/₀			
—	B	1 Anneau extérieur AR.	Laiton écroui			
—	C	1 Anneau extérieur AV.	do			
—	D	1 Anneau intérieur	Laiton étiré			
—	E	1 Rondelle d'appui de l'obturateur.	Tôle A. dur sp. tr. rec. (qual. scie circ.)			
		Leviers de manœuvre avec poignée comprenant :			20	Pour culasse ouverture à gauche
4010	A	1 Levier de manœuvre (tracé de finissage) commandé sur plan de forge n° 1005 A (1 bouchon acier dur). . . .	Acier chromé trempé rec. 70.45.16.	Série pour un levier complet.		
—	B	1 Axe du levier (com. sur plan de forge 1005 B)	do			
		Têtes mobiles comprenant :		76	174	(Sans compter les têtes mobiles complètes prévues pour chaque canon de rechange).
11	»	1 Tête mobile (tracé de finissage) com. sur plan 6 B . . .	Acier chromé trempé rec. 75.50.12			
—	»	1 Grain de tête mobile (tracé de finis.) com. sur plan 6 E .	do			
—	B	1 Rondelle du grain de tête mobile.	Cuivre rouge rec.	Série pour une tête mobile complète.		
—	»	1 Écrou de tête mobile (tracé de finis.) com. sur plan 6 C .	Acier chromé trempé rec. 70.45.16			
—	»	1 Bague de tête mobile (tracé de finissage) commandée sur plan 6 D, en 2 parties	Acier chromé trempé rec. 75.50.12			
11	A	Clavettes (1 ressort ac. res. trempé, 1 vis ac. dur) . . .	Acier dur	110	200	

PIÈCES FORGÉES		PIÈCES USINÉES		ÉCHELONNEMENT DES LIVRAISONS	
FOURNISSEUR	QUANTITÉ	FOURNISSEUR	QUANTITÉ	Prévu :	Réalisé :

NUMÉRO des PLANS	LETTRE	DÉSIGNATION DES GROUPES ET PIÈCES	QUALITÉ des MATIÈRES	QUANTITÉS	
				déjà commandées par GUERRE	à commander par GUERRE
		Verrous de mise de feu comprenant :		88	114
12	A	1 Verrou de mise de feu (1 grain A.DO de tr. 1 goup. A. doux)	Ac. DO doux trempé	Série pour un verrou de mise de feu complet.	
—	B	1 Extracteur d'étoupilles	d°		
—	C	1 Percuteur.	d°		
—	D	1 Butée de percuteur.	d°		
—	E	1 Ressort de percuteur	Ac. ressort trempé		
10	C	Ressorts de la poignée	Ac. ressort trempé	120	120
12	B	Extracteurs d'étoupilles.	Ac. DO. doux trempé	164	492
11	»	Grains de tête mobile (tracé de finis.) com. sur plan 6 E.	Acier chrômé trempé rec. 75.50.12	72	748
11	»	Bague de tête mobile (en 2 parties) tracé de finissage commandées sur plan 6 D.	d°	18	114
12	C	Percuteurs	Ac. DO. doux trempé	44	264
—	E	Ressorts du percuteur.	Ac. ressort trempé	36	216
11	B	Rondelles du grain de tête mobile	Cuivre rouge rec.	120	120
		Marteaux de percuteur comprenant :		20	20
13	A	1 Marteau du percuteur	Ac. DO doux trempé		
—	B	1 Axe du marteau.	Acier dur		
—	G	1 Rondelle d'axe du marteau	d°		
—	H	1 Goupille de la rondelle de l'axe du marteau	d°		
13	B	Axes du marteau	Acier dur	»	30
—	F	Vis arrêtoirs de la clavette.	d°	120	120
—	I	Clavette d'immobilisation du marteau (1 vis, acier dur, 1 ressort, acier ressort trempé).	d°	120	120
		Planchettes de chargement comprenant :		180	195
14	A	1 Planchette de chargement (1 vis matée, 5 rivets laiton)	Lait. n° 1 C=70.Z=30	Série pour une planchette complète.	
—	B	1 Anneau de la planchette	d°		

PIÈCES FORGÉES		PIÈCES USINÉES		ÉCHELONNEMENT DES LIVRAISONS	
FOURNISSEUR	QUANTITÉ	FOURNISSEUR	QUANTITÉ	Prévu :	Réalisé :

NUMÉRO des PLANS	LETTRE	DÉSIGNATION DES GROUPES ET PIÈCES	QUALITÉ des MATIÈRES	QUANTITÉS	
				déjà commandées par GUERRE	à commander par GUERRE
		Obturateurs complets comprenant :		384	2162
15	A	1 Galette d'obturateur	Toile : amiante 80 0/0 suif 20 0/0		
—	B	1 Anneau extérieur AR	Laiton écroui $C=65. Z=33. Al.=2$	Série pour un obturateur complet.	
—	C	1 d° AV	d°		
—	D	1 Anneau intérieur	Lait. ét. $C=70. Z=30$		
—	E	1 Rondelle d'appui de l'obturateur.	Tôle ac. dur sp. tr. rec. qualité scie circulaire		
		Jeux complets de garnitures comprenant :		»	400
30	E	3 Rondelles de butée du récupérateur	Cuir ch. nat. Ép.$=5^{mm}$		
—	I	1 Coupelle de la garniture de la tige du récupérateur . . .	Bronze forgé $R=35. E=16. A._{°/°} 18$		
—	K	1 Garniture de la tige de piston de récupérateur	Tresse suiffée		
—	L	1 Cuir embouti d°	Cuir ch. nat. Ép. 5^{mm}		
—	O	1 Joint AV du cylindre récupérateur	Cuivre rouge rect		
31	D	2 Cuirs du piston récupérateur.	Cuir ch. nat. Ép. 5^{mm}		
—	F	2 Cuirs appuis des ressorts du piston récupérateur	Cuir		
—	B	1 Anneau de joint du piston	Dermatine	Série pour un jeu complet de garnitures.	
31 bis	C	1 Bague	Caoutchouc		
—	K	1 Anneau de joint de l'axe	Dermatine		
—	L	1 Lubrificateur	Feutre		
34 ter	J	1 Joint du corps de boîte.	Dermatine		
—	K	1 Joint de la tige	d°		
—	L	1 Bague caoutchouc de la garniture.	Caoutchouc		
34 bis	O	1 Lubrificateur	Feutre		
—	E	1 Garniture de la tige de piston de frein	Tresse suiffée		
—	I	1 Cuir embouti d°	Cuir ch. nat. Ép. 5^{mm}		
		Freins complets comprenant ·		»	25
32 bis	A	1 Tige de piston de frein, commandée sur plan 26 B . . .	Ac. doux rec. trempé 75.50.15		
—	B	1 Garniture d°	Br. phosph. de frot. $C=86. Sn 13. Z 1$		
—	C	1 Grain du piston de frein (1 vis, acier dur).	Acier dur	Série pour un frein complet.	
—	D	1 Contretige, commandée sur plan 26 D	Ac. dur rec. trempé 75.50.15		
—	E	1 Soupape de la contretige	A. DO doux cém. tr.		
—	F	1 Garniture de la contretige (1 goup.)	Br. spécial 75.40.12		
—	G	1 Butée guide de la soupape (1 goup,)	Acier dur		

PIÈCES FORGÉES		PIÈCES USINÉES		ÉCHELONNEMENT DES LIVRAISONS	
FOURNISSEUR	QUANTITÉ	FOURNISSEUR	QUANTITÉ	Prévu :	Réalisé :

NUMÉRO des PLANS	LETTRE	DÉSIGNATION DES GROUPES ET PIÈCES	QUALITÉ des MATIÈRES	QUANTITÉS	
				déjà commandées par GUERRE	à commander par GUERRE
32 bis (suite.)	H	1 Bouchon de la tige de piston	Acier dur		
—	I	1 Joint du bouchon de la tige de piston.	C. R.		
—	J	1 Écrou bouchon de la tige de frein, (1 goup. fendue, acier mi-dur.	Acier dur		
—	K	1 Contre-écrou de la tige	d⁰		
34 bis	A	1 Bouchon de la boîte à garniture de frein	Acier dur		
—	B	1 Frotteur de la tige du piston de frein (8 rivets C.R.) . .	Br. forgé 35.16.18		
—	C	1 Ressort de la garniture du piston de frein.	Acier ressort trempé	Série pour un frein complet.	
—	D	1 Bague d'appui du ressort de la garniture	Br. forgé 35.16.18		
—	E	1 Garniture de la tige du piston de frein	Tresse suiffée		
—	F	1 Boîte à garniture	Acier dur		
—	G	1 Bouchon AV du cylindre de frein	d⁰		
—	H	2 Joints AV du cylindre de frein	C. R. recuit		
—	I	1 Cuir embouti de la tige de frein	Cuir ch. nat. Ép. 5ᵐᵐ		
—	J	1 Bouchon AR du cylindre de frein (1 goup. A. mi-dur) . .	Acier dur		
—	K	1 Bouchon du trou de remplissage du frein	d⁰		
—	L	1 Joint du bouchon du trou de remplissage	C. R. recuit		
32 bis	A	Tiges de piston de frein (commandée sur plan 26 B) . .	A. dur rec¹ tr. 75-50-15	»	50
—	C	Grains du piston de frein, 1 vis acier dur	Acier dur	»	50
—	E	Soupape de la contre-tige.	A. DO doux cémenté trempé	120	360
—	F	Garniture de la contre-tige.	Br. spécial 75-40-12	120	170
		Pistons de récupérateur complet comprenant :		20	70
30	A	1 Écrou bouchon AV de la tige du piston du récupérateur (1 goupille fendue acier mi-dur).	Acier dur		
—	B	1 Tige de piston du récup¹ commandée sur plan 26. A . .	A. dur tr. rec¹ 75-50-15		
—	C	1 Bague de la tige du piston récupérateur. ·	Br. ph. de frott¹ C. 86. E. 13-Z-1		
—	D	1 Contre-écrou de l'écrou bouchon AV de la tige. . . .	Acier dur		
—	E	3 Rondelles de butée du récupérateur	Cuir chromé nat¹. Ep. 5 ᵐ/ₘ	Série pour un piston récupérateur complet.	
—	F	1 Frotteur de la tige du piston récupérateur, 6 rivets C.R. .	Br. forgé 35-16-18		
—	G	1 Bouchon de la boîte à garniture.	Acier dur		
—	H	1 Goupille d'arrêt de la bague du piston récupérateur. . .	d⁰		
—	I	1 Coupelle de la garniture	Br. forgé 35-16-18		
—	J	1 Siège de la garniture.	d⁰		
—	K	1 Garniture de la tige du piston	Tresse suiffée		

PIÈCES FORGÉES		PIÈCES USINÉES		ÉCHELONNEMENT DES LIVRAISONS	
FOURNISSEUR	QUANTITÉ	FOURNISSEUR	QUANTITÉ	PRÉVU :	RÉALISÉ :

NUMÉRO des PLANS	LETTRE	DÉSIGNATION DES GROUPES ET PIÈCES	QUALITÉ des MATIÈRES	QUANTITÉS	
				déjà commandées par GUERRE	à commander par GUERRE
30 (suite.)	L	1 Cuir embouti de la tige du piston	Cuir chromé nat¹. Ep. 5 m/m		
—	M	1 Ressort de la garniture du piston	A. ressort trempé		
—	N	1 Boîte à garniture	Acier dur		
—	O	1 Joint AV du cylindre du récupérateur	C. R. recuit		
31	A	1 Bouchon AR du récupérateur	Acier dur		
—	B	1 Écrou presse garniture	Br. forgé 35-16-18		
—	C	1 Bague AV de presse garniture du piston	d°		
—	D	2 Cuirs du piston récupérateur	Cuir chromé nat¹. Ep. 5 m/m		
—	E	2 Coupelles ressort des cuirs	A. ressort trempé		
—	F	2 Cuirs appuis des ressorts	Cuir		
—	G	1 Bague AR presse garniture du piston	Br. forgé 35-16-18		
—	H	1 Ressort du piston	A. ressort trempé	Série pour un piston récupérateur complet.	
—	I	1 Arrêt du bouchon AR du cyl. de frein et du bouchon AR du cylindre de récup. (1 prisonnier C.R.)	Acier dur		
37 bis	A	1 Bouchon de la soupape de remplissage	Acier dur		
—	B	1 Pointeau du trou de remplissage	Acier outils		
—	C	1 Garniture	Dermatine		
—	D	1 Presse garniture	Br. forgé 35-16-18		
—	E	1 Bouchon de guidage du pointeau	Acier dur		
—	F	1 Bouchon du pointeau	d°		
—	K	1 Bouchon soudé	d°		
—	L	2 Bouchons des réservoirs d'air	d°		
—	M	2 Presses garnitures des bouchons, 2 pris. C.R.	d°		
—	N	2 Garnitures des bouchons	Dermatine		
—	O	2 Rondelles des bouchons	Br. forgé 35-16-18		
30	E	Rondelles de butée du récupérateur	Cuir chromé nat¹. Ep. 5 m/m	360	360
—	K	Garniture de la tige du piston	Tresse suiffée	152	516
—	L	Cuirs emboutis de la tige du piston	Cuir chromé nat¹. Ep. 5 m/m	139	377
—	M	Ressorts de garniture de la tige de piston récupérateur	A. ressort trempé	20	20
31	D	Cuirs du piston récupérateur	Cuir chromé nat¹. Ep. 5 m/m	278	654
—	E	Coupelles ressort des cuirs	A. ressort trempé	80	80
—	F	Cuirs appui des ressorts	Cuir	272	636
34 bis	C	Ressort de la garniture du piston de frein	A. ressort trempé	20	20
—	E	Garniture de la tige de piston de frein	Tresse suiffée	152	516
—	I	Cuirs emboutis de la tige de frein	Cuir chromé nat¹. Ep. 5 m/m	136	368

PIÈCES FORGÉES		PIÈCES USINÉES		ÉCHELONNEMENT DES LIVRAISONS	
FOURNISSEUR	QUANTITÉ	FOURNISSEUR	QUANTITÉ	Prévu :	Réalisé :

NUMÉRO des PLANS	LETTRE	DÉSIGNATION DES GROUPES ET PIÈCES	QUALITÉ des MATIÈRES	QUANTITÉS	
				déjà commandées par GUERRE	à commander par GUERRE
34 bis (suite.)	K	Bouchons du trou de remplissage	Acier dur	80	80
37 bis	B	Pointeaux du trou de remplissage	Acier outils	56	128
—	C	Garnitures des pointeaux	Dermatine	240	240
		Colliers AR complets comprenant :		»	3
38	A	1 Collier en 2 parties (2 axes).	Acier dur		
—	B	1 Clavette, 1 ressort ac. res. tr., 2 vis A. doux.	d°	Série pour un collier AR complet.	
—	C	1 Chaînette de retenue de la clavette, 2 esses (1 piton A. doux).	Fer supérieur		
		Colliers AV complets, comprenant :		»	3
39	A	1 Colliers AV en 2 parties, 2 axes	Acier dur		
—	B	1 Clavette, 1 ressort acier trempé, 2 vis acier doux	d°	Série pour un collier AV complet.	
—	C	1 Chaînette de retenue de la clavette, 2 esses (1 piton A. doux).	Fer supérieur		
		Clavettes des colliers AR, comprenant :		50	50
38	B	1 Clavette, 1 ressort acier trempé, 2 vis acier doux. . . .	Acier dur	Série pour une clavette du collier AR.	
—	C	1 Chaînette, 2 esses (1 piton A. doux)	Fer supérieur		
		Clavettes des colliers AV, comprenant :		50	50
39	B	1 Clavette, 1 ressort acier trempé, 2 vis acier doux. . . .	Acier dur	Série pour une clavette du collier AV.	
—	C	1 Chaînette, 2 esses (1 piton A. doux)	Fer supérieur		
		Galets AV de soulèvement du canon, comprenant :		»	3
40	A	1 Support à vis des galets, 2 vis, 1 rondelle, 1 goupille. .	Acier dur		
—	B	1 Douille de commande du mouv' vertical, 1 rond. 1 goup.	d°		
—	C	2 Axes du galet.	d°		
—	D	1 Ajutage de graissage	d°		
—	E	1 Ressort du clapet	A. ressort trempé	Série pour un galet AV complet.	
—	F	1 Clapet de graissage.	Acier dur		
41	A	2 Galets AV de soulèvement du canon	d°		
—	B	1 Pignon de commande du mouvement.	d°		
—	C	1 Roue dentée	d°		
—	D	1 Axe du pignon, 1 rondelle, 1 goupille	d°		
—	E	1 Cuvette supérieure du roulement à billes	A. doux cém. trempé		
—	F	1 Cuvette inférieure du roulement à billes.	d°		

PIÈCES FORGÉES		PIÈCES USINÉES		ÉCHELONNEMENT DES LIVRAISONS	
FOURNISSEUR	QUANTITÉ	FOURNISSEUR	QUANTITÉ	Prévu :	Réalisé :

NUMÉRO des PLANS	LETTRE	DÉSIGNATION DES GROUPES ET PIÈCES	QUALITÉ des MATIÈRES	QUANTITÉS	
				déjà commandées par GUERRE	à commander par GUERRE
41 (suite.)	G	19 Billes de 10 $^m/_m$	Acier trempé	Série pour un galet AV complet.	
—	H	4 Bagues des galets	Bronze 3		
—	I	2 Bagues de l'axe de commande du pignon	d°		
40	C	Axes du galet.	Acier dur	30	30
41	A	Galets AV de soulèvement	d°	50	50
		Galets de soulèvement AR, comprenant :		»	3
43	A	1 Support des galets de soul^t AR, 1 rond., 1 goup. vissée.	Acier dur		
—	B	2 Galets (4 bagues Br. 3)	d°		
—	C	2 Axes, 2 vis d'arrêt acier dur.	d°		
—	D	1 Ajutage de graissage	d°		
—	E	1 Clapet de graissage.	d°		
—	F	1 Ressort.	Acier ressort		
—	G	1 Douille de commande du support des galets, 1 rondelle, 1 goupille vissée.	Acier dur		
—	H	1 Roue dentée	d°	Série pour galets de soulèvement AR.	
—	I	1 Pignon.	d°		
—	J	1 Arbre de commande du pignon	d°		
—	K	2 Bagues de l'arbre de commande	Bronze 3		
—	L	1 Cuvette inférieure de roulement à billes.	A. doux cém. trempé		
—	M	1 Cuvette supérieure de roulement à billes	d°		
—	N	19 Billes de 10 $^m/_m$	Acier dur trempé		
—	O	1 Verrou de retenue du canon.	Acier dur		
—	P	1 Ressort du verrou	Acier ressort		
—	Q	1 Levier coudé	Acier dur		
—	R	1 Axe du levier	d°		
41	E	Cuvettes supérieures de roulement à billes.	A. doux cém, trempé	20	20
—	F	Cuvettes inférieures de roulement à billes.	d°	20	20
—	G	Billes de 10 $^m/_m$	Acier dur trempé	300	300
43	L	Cuvettes inférieures de roulement à billes.	A. doux cém. trempé	20	20
—	M	Cuvettes supérieures de roulement à billes.	d°	20	20
—	N	Billes de 10 $^m/_m$	Acier dur trempé	300	300
—	B	Galets (4 bagues Br. 3).	Acier dur	50	50
—	O	Verrous de retenue du canon	d°	80	80
—	P	Ressorts du verrou.	Acier ressort	80	80

PIÈCES FORGÉES		PIÈCES USINÉES		ÉCHELONNEMENT DES LIVRAISONS	
FOURNISSEUR	QUANTITÉ	FOURNISSEUR	QUANTITÉ	Prévu :	Réalisé :

NUMÉRO des PLANS	LETTRE	DÉSIGNATION DES GROUPES ET PIÈCES	QUALITÉ des MATIÈRES	déjà commandées par GUERRE	à commander par GUERRE	
		Portes AV du châssis comprenant :		»	5	
53	A	1 Porte AV du châssis	Acier qualité masque			
—	B	2 Charnières femelles de la porte AV du châssis	Acier dur			
—	C	2 Charnières mâles de la porte AV du châssis	d°			
—	D	2 Axes des charnières	d°		Série pour une porte AV du châssis.	
—	E	1 Ferrure femelle de fixation.	d°			
—	F	1 Vis cheville de fixation	d°			
—	G	1 Ferrure mâle de fixation	d°			
—	H	1 Frein du contre-écrou. D pl. 30	d°			
		Mises de feu complètes comprenant :		»	15	
62	A	1 Support AR du tube de commande (1 prisonnier Acier demi dur.	Acier dur			
—	B	1 Pièce de liaison du support AR.	d°			
—	C	1 Clavette de fixation.	d°			
—	D	1 Support AV de la plaque de garde	d°			
—	E	1 Pièce de liaison du support AV.	d°			
63	A	1 Plaque de garde	Tôle Acier demi dur			
—	B	1 Pièce de fixation de la poignée.	Acier dur		Série pour une mise de feu complète.	
—	C	1 Tube de commande de la mise de feu (1 goupille rivée)..	Tube Acier demi dur			
—	D	1 Ressort de rappel.	Acier ressort trempé			
—	E	1 Fourreau du ressort de rappel	Tube Acier demi dur			
—	F	1 Bec d'attaque	Acier dur			
—	G	1 Rondelle	Cuir			
—	H	1 Rondelle. butée du ressort de rappel	Acier dur			
64	A	1 Poignée de commande	d°			
—	B	1 Glissière supérieure.	Bronze 3			
—	C	1 Glissière inférieure.	d°			
62	A	Prisonniers fixant le support AR du tube et le fourreau du ressort de mise de feu	Acier demi dur	120	120	
63	C	Tubes de commande de la mise de feu (1 goupille rivée).	Tube Acier demi dur	70	120	
—	D	Ressorts de rappel.	Acier ressort trempé	172	186	
63	G	Rondelles, butées du bec d'attaque de la mise de feu . .	Cuir	30	30	
64	A	Poignées de commande.	Acier dur	2	16	

PIÈCES FORGÉES		PIÈCES USINÉES		ÉCHELONNEMENT DES LIVRAISONS	
FOURNISSEUR	QUANTITÉ	FOURNISSEUR	QUANTITÉ	Prévu :	Réalisé.

PIÈCES FORGÉES		PIÈCES USINÉES		ÉCHELONNEMENT DES LIVRAISONS	
FOURNISSEUR	QUANTITÉ	FOURNISSEUR	QUANTITÉ	Prévu :	Réalisé.

NUMÉRO des PLANS	LETTRE	DÉSIGNATION DES GROUPES ET PIÈCES	QUALITÉ des MATIÈRES	QUANTITÉS	
				déjà commandées par GUERRE	à commander par GUERRE
		Sous-bandes et sus-bandes complètes comprenant :		»	15
78	A	2 Sous-bandes (symétriques), 2 goupilles	Acier dur		
—	B	2 Sus-bandes (symétriques)	d°		
—	C	2 Axes de fixation des sus-bandes	d°		
—	D	2 Axes d'articulation des sus-bandes (symétriques)	d°	Série pour une sus-bande et une sous-bande complètes.	
—	E	2 Pitons d'attache, 2 lanières de 100 $^m/_m$ à 5 $^m/_m$ d'épaiss.	d°		
—	F	2 Capots de trous de graissage.	d°		
—	G	2 Ajutages des capots.	d°		
—	H	2 Ressorts.	Acier ressort trempé		
—	I	2 Clapets des ajutages	Acier dur		
81	A	2 Cales des sous-bandes (symétriques).	Acier demi dur		
		Verrous d'accrochage de route comprenant :		»	5
84	B	2 Verrous d'accrochage symétriques	Acier dur		
—	C	2 Poignées des manivelles.	Bronze 3 C. 85, E. 12,Z. 3		
—	D	2 Boîtes des ressorts	Acier dur	Série pour un verrou d'accrochage complet.	
—	E	2 Ressorts de rappel des poignées	Acier ressort trempé		
—	F	2 Axes des poignées	Acier dur		
—	G	2 Vis de guidage des verrous.	d°		
—	H	6 Vis fixant les supports d'accrochage.	d°		
—	I	2 Contre-écrous de l'axe des poignées.	d°		
84	B	Verrous d'accrochage (symétriques).	d°	30	30
		Couvercles du coffret de flèche comprenant :		»	5
91 bis	C	1 Joint du coffret. . ·	Caoutchouc	Série pour un couvercle complet.	
—	F	1 Garniture du couvercle	Cuir		
—	G	1 Couvercle du coffret (tôle de 1,2).	Tôle Acier demi dur.		
		Bêches mobiles complètes comprenant :		»	5
97	A	1 Bêche mobile	Tôle acier spécial		
—	B	2 Bras de la bêche mobile (symétriques), 4 vis A. mi-dur .	Acier dur	Série pour une bêche complète.	
98	A	1 Axe d'accrochage de la bêche mobile	Acier d. trempé recuit 75.50.15		
—	B	1 Axe de rotation (1 rondelle, 1 goupille Acier demi dur)..	d°		
—	C	1 Crochet gauche, 1 poignée rivée (1 goupille A. demi dur).	Acier dur		

PIÈCES FORGÉES		PIÈCES USINÉES		ÉCHELONNEMENT DES LIVRAISONS	
FOURNISSEUR	QUANTITÉ	FOURNISSEUR	QUANTITÉ	Prévu :	Réalisé :

NUMÉRO des PLANS	LETTRE	DÉSIGNATION DES GROUPES ET PIÈCES	QUALITÉ des MATIÈRES	QUANTITÉS	
				déjà commandées par GUERRE	à commander par GUERRE
98 (suite.)	D	1 Crochet droit (1 goupille Acier demi dur)	Acier dur	Série pour une bêche complète.	
—	E	1 Ressort de l'axe d'accrochage (1 boulon, 1 écrou, 1 téton, 1 goupille)	Acier ressort trempé		
97	B	Bras de la bêche mobile (symétrique), 4 vis A. demi dur.	Acier dur	»	2
		Détails pour bêche mobile comprenant :		20	20
98	A	1 Axe d'accrochage de la bêche mobile	Acier d. trempé recuit 75.50.15		
—	B	1 Axe de rotation (1 rondelle, 1 goupille Acier demi dur) .	d⁰	Série pour détail de bêche mobile.	
—	C	1 Crochet gauche (1 poignée rivée, 1 goupille A. demi dur).	Acier dur		
—	D	1 Crochet droit (1 goupille Acier demi dur)	d⁰		
—	E	1 Ressort de l'axe d'accrochage (1 boulon, 1 écrou, 1 téton, 1 goupille).	Acier ressort trempé		
98	A	Axes d'accrochage de la bèche mobile.	Acier d. trempé recuit 75.50.15	30	30
—	C	Crochets gauches, 1 poignée rivée (1 goupille A. demi dur)	Acier dur	30	30
—	D	Crochets droits (1 goupille Acier demi dur)	d⁰	30	30
—	E	Ressorts de l'axe d'accrochage (1 boulon, 1 écrou, 1 téton, 1 goupille)	Acier ressort trempé	60	60
		Mouvement de pointage en direction complet comprenant :		»	2
106	A	1 Boîte de logement de la vis de pointage en direction . .	Acie dur 65.17	Série pour un mouvement de P. D.	
—	B	1 Vis de pointage en direction.	d⁰		
107	A	2 Boîtes à galets (symétriques).	d⁰		
107	B	6 Vis d'assemblage des boîtes à galets (2 suivant cotes soulignées.	Acier doux		
—	C	3 Capots de graissage (2 pour boîtes à galets, 1 pour boîte de pointage).	Acier dur		
—	D	3 Ajutages de capots de graissage.	d⁰		
—	E	3 Clapets des ajutages.	d⁰		
—	F	3 Ressorts des clapets.	Acier ressort trempé		
108	A	2 Supports du mouvement de P en D (symétriques). . . .	Acier dur		
109	A	2 Boîtes de pointage en direction (symétriques).	d⁰		
—	B	2 Couvercles de la boîte (symétriques), 2 charnières laiton, 2 accrochages laiton	Laiton		

PIÈCES FORGÉES		PIÈCES USINÉES		ÉCHELONNEMENT DES LIVRAISONS	
FOURNISSEUR	QUANTITÉ	FOURNISSEUR	QUANTITÉ	Prévu :	Réalisé :

NUMÉRO des PLANS	LETTRE	DÉSIGNATION DES GROUPES ET PIÈCES	QUALITÉ des MATIÈRES	QUANTITÉS déjà mandées par GUERRE	à commander par GUERRE	
109 (suite.)	C	2 Bagues horizontales de la boîte.	Bronze 3			
—	D	2 Bagues horizontales de la boîte.	d°			
—	E	2 Bagues verticales.	d°			
—	F	2 Écrous de fixation de la boîte (2 goupilles rivées).	Acier dur			
—	G	2 Axes du couvercle (2 ergots, 2 rondelles, 2 goupilles fendues Acier doux).	d°			
—	H	2 Goupilles à ressort du couvercle	Acier ressort trempé			
—	I	1 Volant de manœuvre de gauche	Acier dur			
—	J	1 Soie de la poignée (1 contre-rivure).	d°			
—	K	1 Poignée du volant	Bronze 3			
—	L	4 Capots de graissage (dont deux suivant côtes soulignées, 2 boutons rivés Acier doux	Acier ressort trempé			
112	A	1 Volant de droite.	Acier dur			
—	B	1 Contrepoids du volant (6 rivets Acier doux)	d°			
—	C	1 Soie de la poignée (1 contre-rivet Acier dur).	d°			
—	D	1 Poignée du volant	Tube acier			
—	E	2 Arbres du volant (2 rondelles, 2 goupilles, 2 écrous, 2 goupilles fendues Acier doux)	Acier dur	Série pour un mouvement de P. D.		
—	F	2 Pignons de l'arbre du volant.	d°			
—	G	2 Roues de l'arbre pignon.	d°			
—	H	2 Écrous de l'arbre pignon	d°			
—	I	2 Freins de l'écrou (4 vis).	Tôle Acier demi dur			
—	J	2 Arbres pignons du pointage en direction.	Ac. dur trempé recuit 75.50.15			
—	K	2 Roues de la vis du pointage en direction.	Acier dur			
—	L	2 Tubes de protection de l'arbre pignon.	Tube Acier demi dur			
113	A	2 Bouchons filetés supportant les arbres.	Bronze 3			
—	B	2 Bouchons de la boîte logement de la vis.	Acier dur			
—	C	2 Vis de réglage des grains de butée (2 goupilles fendues, acier doux).	d°			
—	D	2 Grains de butée (logés dans les vis C.)	Acier extra doux cémenté trempé			
—	E	2 Grains de butée (logés dans la vis de pointage)	d°			
—	F	2 Freins des bouchons B, des vis C et des obturateurs	Acier dur			
—	G	2 Butées des roues dentées	B. 3			
—	H	2 Bagues des bouchons de la boîte logement.	d°			
—	I	8 Rondelles ressorts de réglage des galets.	Acier ressort trempé			
—	J	2 Appuis des rondelles Belleville	Acier dur			
—	K	2 Bagues de guidage Belleville.	d°			

PIÈCES FORGÉES		PIÈCES USINÉES		ÉCHELONNEMENT DES LIVRAISONS	
FOURNISSEUR	QUANTITÉ	FOURNISSEUR	QUANTITÉ	Prévu :	Réalisé :
				ÉCHELONNEMENT DES LIVRAISONS	
				Prévu :	Réalisé :

NUMÉRO des PLANS	LETTRE	DÉSIGNATION DES GROUPES ET PIÈCES	QUALITÉ des MATIÈRES	QUANTITÉS	
				déjà commandées par GUERRE	à commander par GUERRE
113	L	2 Étriers des galets (2 écrous, 2 goupilles fendues, A. doux)	Acier dur		
114	A	2 Bagues de l'essieu (Sym.) (10 rivets C. R.)	B 3		
—	B	2 Secteurs de fermeture	d°		
—	C	2 Obturateurs de l'essieu.	Acier dur		
—	D	2 Garnitures des obturateurs.	Cuir	Série pour un mouvement de P. D.	
—	E	2 Galets du P. L.	Acier dur		
—	F	2 Bagues des galets	B. 3		
—	G	2 Axes des galets	Acier dur		
—	H	2 Bouchons (2 écrous, 2 goupilles fendues, acier doux). .	d°		
—	I	2 Freins des bouchons.	d°		
		Volants de droite comprenant :		»	5
112	A	1 volant de droite.	Acier dur		
—	B	1 Contre poids du volant (6 rivets acier doux).	d°	Série pour un volant de droite complet.	
—	C	1 Soie de la poignée (1 contre-rivure, acier dur)	d°		
—	D	1 Poignée du volant.	Tube acier		
113	I	Rondelles Belleville de réglage des galets	Acier ressort trempé	40	40
		Mouvements de pointage en hauteur comprenant :		»	2
122 ter	A	1 Support du mouvement du P. H. (4 goupilles, 4 écrous, 4 goujons, acier d.)	Br. 3		
—	B	6 Boulons de fixation (6 écrous, 6 ergots, 6 goupilles). . .	Acier dur		
—	C	2 Vis de fixation.	d°		
123	A	1 Couvercle de la boîte du mouvement de P. H.	Tôle acier mi-dur		
—	B	1 Support de l'arbre de la vis sans fin.	Acier dur		
124	A	1 Roue hélicoïdale du P. H.	Acier doux	Série pour un mouvement de pointage en hauteur complet.	
—	B	1 Vis sans fin.	Acier dur recuit		
—	C	1 Goupille conique de roue.	Acier dur		
125	A	1 Arbre de commande du mouvement P. H.	d°		
—	B	1 Rondelle d'arrêt de la tige de manœuvre (1 goupille fendue, acier mi dur).	d°		
—	C	1 Tube support du volant.	d°		
—	D	1 Bague avec ergot soudée sur le tube	d°		
—	E	1 Rondelle vissée sur le tube (1 goup. fendue. A. mi-dur.)	d°		

PIÈCES FORGÉES		PIÈCES USINÉES		ÉCHELONNEMENT DES LIVRAISONS	
FOURNISSEUR	QUANTITÉ	FOURNISSEUR	QUANTITÉ	PRÉVU :	RÉALISÉ :

NUMÉRO des PLANS	LETTRE	DÉSIGNATION DES GROUPES ET PIÈCES	QUALITÉ des MATIÈRES	QUANTITÉS déjà commandées par GUERRE	QUANTITÉS à commander par GUERRE
125 (suite.)	F	1 Volant de P.H. (1 goupille)	Acier dur		
—	G	1 Douille du volant	B. 3		
--	H	1 Poignée du volant	$C=85, E=12, Z=3$ d^o		
—	I	1 Axe de la poignée	Acier dur		
—	J	1 Contre-rivure de l'axe	d^o		
—	K	1 Boîte du graisseur	d^o		
—	L	1 Ajutage de la boîte	d^o		
—	M	1 Clapet de l'ajutage	d^o		
—	N	1 Ressort	Acier ressort trempé		
126 bis	A	1 Arbre pignon du P.H. (commandé sur plan 120 B). . .	A. dur trempé recuit 75-50-15	Série pour un mouvement de pointage en hauteur complet.	
—	B	1 Support de droite de l'arbre	Acier dur		
—	C	1 Garniture du support de droite	B. 3 $C=85, E=12, Z=3$		
—	D	4 Boulons de fixation du support (dont 2 suiv. cotes soulignées, 4 écrous, 4 goupilles fendues, acier demi-dur)	Acier dur		
127	A	2 Secteurs dentés de P.H. (symétriques) (commandé sur plan 120 A).	A. dur trempé recuit 75-50-15		
128	A	1 Armature des secteurs de P.H. (commandée sur plan 121 A.)	Tôle acier mi-dur		
—	B	1 Tirant de l'armature des secteurs de P.H.	Acier mi-dur		
—	C	1 Entretoise de l'armature	Tôle acier mi-dur		
129 bis	A	1 Bras de gauche de l'armature	Acier dur		
--	B	1 Bras de droite de l'armature	d^o		
—	C	2 Demi-tourillons des bras	d^o		
126 bis	A	Arbre et pignon du P.H. (commandé sur plan 120 B.)	A. dur trempé recuit 75-50-15	»	5
—	D	Boulons de fixation (dont 1/2 s¹ cotes soulignées, avec écrous et goupilles fendues)	Acier dur	»	20
124	A	Roues hélicoïdales du P.H	Acier doux	»	5
—	B	Vis sans fin	Acier dur recuit	»	5
—	C	Goupilles coniques de roues	Acier dur	»	5
		Volant de P.H. comprenant :		»	5
125	F	1 Volant de P.H. (1 goupille)	Acier dur		
—	G	1 Douille du volant	Br. 3	Série pour un volant de P.H. complet.	
—	H	1 Poignée du volant	$C=85, E=12, Z=3$ d^o		
—	I	1 Axe de la poignée	Acier dur		
—	J	1 Contre-rivure de l'axe	d^o		

PIÈCES FORGÉES		PIÈCES USINÉES		ÉCHELONNEMENT DES LIVRAISONS	
FOURNISSEUR	QUANTITÉ	FOURNISSEUR	QUANTITÉ	Prévu :	Réalisé :

NUMÉRO des PLANS	LETTRE	DÉSIGNATION DES GROUPES ET PIÈCES	QUALITÉ des MATIÈRES	QUANTITÉS		
				déjà commandées par GUERRE	à commander par GUERRE	
		Détails du mouvement de P. H. comprenant :		»	2	
127	A	2 Secteurs dentés de P. H. (symétriques) (commandés sur plan 120 A.)	A. dur trempé recuit 75-50-15			
128	A	1 Armature des secteurs (commandée sur place 121 A.) . .	Tôle acier mi-dur			
—	B	1 Tirant de l'armature	Acier mi-dur	Série		
—	C	1 Entretoise de l'armature.	Tôle acier mi-dur	pour détail		
129 bis	A	1 Bras de gauche de l'armature	Acier dur	de P. H.		
—	B	1 Bras de droite de l'armature.	d°	complet.		
—	C	2 Demi-tourillons des bras	d°			
		Mouvements de relevage comprenant :		»	5	
137	A	1 Boîte de la commande de relevage.	Acier dur			
—	B	1 Pignon intermédiaire de commande du mouvement de relevage (commandé sur plan 141 C.)	A. dur trempé recuit 75-50-15			
—	C	1 Roue dentée du pignon (1 goupille).	d°			
—	D	1 Bague de pignon.	Br. 3			
—	E	1 Pignon de commande (commandé sur plan 141 B). . .	A. dur trempé recuit 75-50-15			
—	F	1 Bague du pignon.	Br. 3			
—	G	1 Bague du pignon intermédiaire	d°			
—	H	1 Bague de pignon de commande	d°	Série		
—	I	3 Clapets de graissage	Acier dur	pour un		
—	J	3 Ressorts des clapets	Acier ressort trempé	mouvement		
—	K	3 Ajutages	Acier dur	de relevage		
—	L	1 Pièce de liaison du secteur et du châssis.	d°	complet.		
—	M	3 Boulons de fixation de la boîte (3 écrous, 3 ergots, 3 goupilles fendues, acier demi-dur)	d°			
—	N	4 Boulons de fixation (4 écrous, 4 ergots, 4 goupilles fendues, acier demi-dur)	d°			
—	O	3 Boulons de fixation, 2 s¹ cotes soulignées (3 écrous, 3 ergots, 3 goupilles fendues, acier demi-dur).	d°			
136	A	1 Secteur de relevage (commandé sur plan 141 A.) . . .	A. dur trempé recuit			Voir plus loin pour rechange plans 136-137
		Volant de relevage complet comprenant :		»	2	
138	A	1 Volant de manœuvre du mouvement de relevage (4 goupille fendue, acier mi-dur)	Acier dur	Série		
—	B	1 Roue dentée.	d°	pour un mouvement		
—	C	1 Virole de la poignée	d°	de relevage complet.		

PIÉCES FORGÉES		PIÈCES USINÉES		ÉCHELONNEMENT DES LIVRAISONS	
FOURNISSEUR	QUANTITÉ	FOURNISSEUR	QUANTITÉ	Prévu :	Réalisé :

NUMÉRO des PLANS	LETTRE	DÉSIGNATION DES GROUPES ET PIÈCES	QUALITÉ des MATIÈRES	QUANTITÉS	
				déjà commandées par GUERRE	à commander par GUERRE
138 (suite	D	1 Rondelle de fixation (1 goupille, acier mi-dur)	Acier dur		
—	E	1 Bouchon de la virole	do		
—	F	1 Verrou d'accrochage	do		
—	G	1 Ressort du verrou	Acier ressort trempé	Série pour un mouvement de relevage complet.	
—	H	1 Douille du verrou	Acier dur		
—	I	1 Axe du levier (1 écrou, 1 goupille fendue, A. mi-dur)	do		
—	J	1 Levier de déclanchement	do		
—	K	1 Rondelle support	do		
—	L	2 Bouchons de fixation (2 écrous, 2 goupilles fendues, 2 ergots, acier doux)	do		
		Verrouillage du berceau comprenant :		»	2
139	A	1 Levier de commande du verrou	Acier dur		
—	B	1 Verrou de la poignée	do		
—	C	1 Ressort de la poignée	Acier ress. trempé		
—	D	1 Poignée du levier	Bronze 3		
—	E	1 Levier d'attaque du verrou	Acier dur		
—	F	1 Axe des leviers (1 écrou, 1 goup. fendue, ac. mi-dur)	do	Série pour verrouillage du berceau complet.	
—	G	1 Verrou	do		
—	H	1 Ressort du verrou	Acier ress. trempé		
—	I	1 Axe de la fourche (1 rond., 1 goup. fendue ac. mi-dur)	Acier dur		
—	J	1 Écrou du logement du ressort	Bronze 3		
—	K	1 Support du verrou	Acier dur		
—	L	1 Bague du support	Bronze 3		
—	M	1 Coulisse du levier	Acier dur		
—	N	1 Rampe d'éclipse du verrou	do		
138	G	Ressorts du verrou d'acc. du mouvement de relevage	Acier ress. trempé	30	30
139	B	Verrous de la poignée	Acier dur	20	20
—	C	Ressorts de la poignée	Acier ress. trempé	40	40
146 bis	B	Rondelles d'épaulement d'essieu	Acier dur	»	40
—	C	Garnitures des rondelles	Cuir	»	40
—	D	Garnitures des rondelles	do	»	40
—	E	Esses, lanières cuir hongroyé, ép. 5^{mm}	Acier dur	120	160

PIÈCES FORGÉES		PIÈCES USINÉES		ÉCHELONNEMENT DES LIVRAISONS	
FOURNISSEUR	QUANTITÉ	FOURNISSEUR	QUANTITÉ	Prévu :	Réalisé :

NUMÉRO des PLANS	LETTRE	DÉSIGNATION DES GROUPES ET PIÈCES	QUALITÉ des MATIÈRES	QUANTITÉS	
				déjà commandées par GUERRE	à commander par GUERRE
146 bis (suite)	F	Anneaux d'esses en 2 parties (2 esses ac. mi-dur) . . .	Acier res. trempé	120	160
147 bis	A	Rondelles de bout d'essieu avec cuirs (rondelles laiton rivets en C.R.)	Acier dur	224	352
—		Cuirs pour rondelles de bout d'essieu.	Cuir	128	144
—		Rondelles laiton d°	Laiton	128	144
—		Rivets en C. R d°	C .	128	144
		Roues complètes d'affûts et V.C. comprenant :		140	190
148 bis 340	A	1 Roue (12 rais, 1 jante en 3 parties).	Frêne de fil		
—	B	1 Cercle des roues (6 boulons, 6 ergots, 6 rondelles, 6 écrous, acier mi-dur trempé et recuit), 6 goupilles fendues, acier doux	Ac. mi-dur tr. recuit		
—	C	3 sabots couvre-joints des jantes (6 boulons, 6 ergots, 6 écrous acier mi-dur trempé et recuit), 6 goupilles fendues acier doux.	Acier extra doux	Série pour une roue complète.	
—	D	9 Sabots des rais (18 rivets).	Acier extra doux		
—	E	1 Moyeux (24 boulons, 24 écrous acier mi-dur trempé et recuit), 24 goupilles fendues acier doux.	Acier mi-dur		
—	F	1 Disque mobile.	d°		
—	G	1 Garniture intérieure (2 vis laiton).	Bronze 3		
—	H	1 d° extérieure d°	d°		
148 bis	»	Rais pour roues.	Frêne de fil	»	400
—	»	Jantes pour roues en trois parties chacune.	d°	»	100
—	B	Cercles des roues (avec boulons, ergots, rond., écrous, acier mi-dur trempé, recuit), avec goupilles fendues acier doux	Acier mi-dur tr. rec.	»	10
—	C	Sabots couvre-joints des jantes (avec boulons, ergots, écrous, acier mi-dur trempé et recuit), avec goupilles fendues acier doux.	Acier extra doux	»	10
		Freins de route de voiture affût comprenant :		»	10
155 bis	A	1 Tube de manœuvre (plan de forge 156 *bis)*	Tube ac. sans soud.		
—	B	2 Bras des sabots, 2 rond. symétriques (commandés sur plan de forge 156 *bis).*	d°	Série pour un frein de route complet.	
—	C	2 Bouchons des extrémités (2 goup.)	Acier dur		
—	D	2 Écrous des bouchons (2 goup.).	d°		

PIÈCES FORGÉES		PIÈCES USINÉES		ÉCHELONNEMENT DES LIVRAISONS	
FOURNISSEUR	QUANTITÉ	FOURNISSEUR	QUANTITÉ	Prévu :	Réalisé :

NUMÉRO des PLANS	LETTRE	DÉSIGNATION DES GROUPES ET PIÈCES	QUALITÉ des MATIÈRES	QUANTITÉS déjà commandées par GUERRE	à commander par GUERRE
157 bis	A	1 Volant de manœuvre (1 goup.)	Acier dur		
—	B	1 Poignée	Bronze 3		
—	C	1 Axe de la poignée (1 rond., 1 écrou)	Acier dur		
—	D	2 Patins	d°		
—	E	2 Supports de patins (symétriques).	d°		
—	F	1 Bague	d°		
—	G	1 Bielle de commande	d°		
158	A	1 Vis de serrage (1 écrou, 1 goup. 1 rond.).	d°		
—	B	1 Bague d'arrêt (1 goup.).	d°		
—	C	1 Bague rotule (1 goup.)	d°	Série	
—	D	1 Écrou de la vis	d°	pour un	
—	E	1 Bague du support de vis	Bronze 3	frein de route	
—	F	1 Support de vis.	Acier dur	complet.	
—	G	2 Supports du tube (sym.)	d°		
—	H	2 Clavettes (2 goup.).	d°		
—	I	1 Vis arrêtoir de la bague.	Acier doux		
—	J	2 Boîtes de clapets.	Acier dur		
—	K	2 Clapets.	d°		
—	L	2 Ajutages	d°		
—	M	2 Ressorts	Acier res. trempé		
—	N	4 Vis de fixation.	Acier doux		
155 bis	B	Bras des sabots avec rond (sym.) com. sur plan 156 *bis*.	Tube ac. sans soud.	»	4
157 bis	D	Patins	Acier dur	»	15
157 bis	D	Patins. . . . . } Assemblés . . . . . . {	Acier dur	60	60
—	E	Supports de patins (sym.) . }	d°	»	60
165 bis	G	Boulons de fixation du support inférieur au bouclier avec écrous, ergots et goup.	Acier mi-dur	120	120
167	C	Boulons de fixation du support supérieur au bouclier, avec écrous, goupille et ergots	Acier mi-duur	120	120

PIÈCES FORGÉES		PIÈCES USINÉES		ÉCHELONNEMENT DES LIVRAISONS	
FOURNISSEUR	QUANTITÉ	FOURNISSEUR	QUANTITÉ	Prévu :	Réalisé :

NUMÉRO des PLANS	LETTRE	DÉSIGNATION DES GROUPES ET PIÈCES	QUALITÉ des MATIÈRES	QUANTITÉS déjà commandées par GUERRE	à commander par GUERRE	
		Volets de la fenêtre du bouclier comprenant :		»	2	
169	A	1 Volet.	Tôle acier dur $R > 80$ A % » 10			
—	B	1 Plaque de butée supérieure.	Acier dur			
—	C	1 Plaque de butée inférieure, ...	d°			
—	D	2 Charnières	d°	Série		
—	E	1 Charnière mobile	d°	pour un volet		
—	F	1 Axe des charnières.	d°	de la fenêtre		
—	G	1 Bec d'accrochage.	d°	complet.		
—	H	1 Bouton de manœuvre.	d°			
—	I	1 Ressort d'accrochage	Acier ressort trempé			
170	»	**Support supérieur du bouclier comprenant :**		»	3	
—	A	2 Supports supérieurs (sym.)	Acier dur			
—	B	1 Entretoise.	d°			
—	C	1 Support inférieur de droite.	d°	Série		
—	D	1 Support inférieur de gauche.	d°	pour		
—	E	1 Flèche inférieure du support de droite.	d°	un support		
—	F	1 Flèche inférieure du support de gauche.	d°	de bouclier		
—	G	1 Flèche supérieure du support de droite	d°	complet.		
—	H	1 Flèche supérieure du support de gauche.	d°			
175	»	Lunette panoramique système Gœrz.		180	32	
136	A	Secteur de relevage (commandé sur plan de forge 141 A)	A. d. trempé recuit	»	3	
137	E	Pignon de commande du secteur de relevage (commandé sur plan de forge 141 B)	d°	»	3	
—	B	Pignon intermédiaire de commande du mouvement de relevage (commandé sur plan de forge 141 C)	d°	»	3	
		Appareils de visée avec supports comprenant :		»	50	
176 a	A	1 Boîte de l'appareil (1 vis acier mi-dur)	Acier dur			
—	B	1 Couvercle (6 vis acier mi-dur)	d°	Série		
—	C	2 Doigts de pression	d°	pour		
—	D	2 Ressorts des doigts.	A. sp. ressort trempé	un appareil de visée		
—	E	2 Vis de serrage.	Acier dur	complet.		

PIÈCES FORGÉES		PIÈCES USINÉES		ÉCHELONNEMENT DES LIVRAISONS	
FOURNISSEUR	QUANTITÉ	FOURNISSEUR	QUANTITÉ	PRÉVU :	RÉALISÉ :
				PRÉVU :	RÉALISÉ :

6 C

NUMÉRO des PLANS	LETTRE	DÉSIGNATION DES GROUPES ET PIÈCES	QUALITÉ des MATIÈRES	QUANTITÉS	
				déjà commandées par GUERRE	à commander par GUERRE
176 a (suite)	F	Axe à robinet (1 rond, 1 goupille acier mi-dur)	Acier dur		
—	G	1 Cale de l'axe.	d°		
—	H	1 Vis de butée	d°		
—	I	2 Ressorts de rappel.	Acier sp. ressort non trempé		
—	J	1 Plateau fixe des ressorts (2 goupilles)	Acier dur		
—	K	2 Guides des ressorts.	d°		
—	L	2 Rondelles d'appui des ressorts	Laiton		
177	A	1 Secteur.	Acier dur		
—	B	1 Tambour (6 vis acier mi-dur)	d°		
—	C	1 Roue à vis sans fin (1 prisonnier acier mi-dur)	d°		
—	D	1 Pignon.	d°		
—	E	1 Axe du pignon (2 vis acier mi-dur).	d°		
—	F	1 Écrou de l'axe.			
—	G	1 Ressort de l'axe	A. sp. à ress. trempé		
—	H	1 Couvercle.	Acier dur		
—	I	1 Bonhomme de calage.	d°		
—	J	1 Ressort de calage.	A. sp. ressort trempé	Série pour un appareil de visée complet.	
—	K	1 Bouchon du logement	Acier dur		
178 a	A	1 Palier à excentrique (1 vis acier mi-dur).	B. 3		
—	B	1 Arbre à vis sans fin (1 vis acier mi-dur)	Acier dur		
—	C	1 Bouchon de la boîte à vis sans fin (2 vis, 1 vis de butée).	d°		
—	D	2 Ressorts.	A. sp. à ress. trempé		
—	E	1 Boîte des ressorts.	Acier dur		
—	F	1 Guide	d°		
—	G	1 Bague	B. 3		
178 a	H	1 Bouchon du palier (2 vis acier mi-dur).	Acier dur		
—	I	1 Ressort de l'arbre	Ac. sp. ress. trempé		
—	J	1 Grain.	Acier dur		
—	K	1 Tambour moleté.	d°		
—	L	1 Boîte d'appareil angle de site	d°		
—	M	1 Support du niveau (1 plaq., 2 riv. mail.)	d°		
—	N	1 Axe à vis sans fin (1 écrou avec goupille, 1 écrou acier demi-dur, 1 rond acier dur trempé, 1 rond acier ressort trempé, 1 goupille, 2 vis acier mi-dur)	d°		
—	O	1 Tambour gradué.	d°		
—	O'	1 Tambour gradué.	d°		

PIÈCES FORGÉES		PIÈCES USINÉES		ÉCHELONNEMENT DES LIVRAISONS	
FOURNISSEUR	QUANTITÉ	FOURNISSEUR	QUANTITÉ	PRÉVU :	RÉALISÉ :
FOURNISSEUR	QUANTITÉ	FOURNISSEUR	QUANTITÉ	PRÉVU :	RÉALISÉ :

NUMÉRO des PLANS	LETTRE	DÉSIGNATION DES GROUPES ET PIÈCES	QUALITÉ des MATIÈRES	QUANTITÉS	
				déjà commandées par GUERRE	à commander par GUERRE
178 a	P	1 Écrou de serrage.	Acier dur		
		1 Écrou de la bague	d⁰		
—	P′	1 Bague	d⁰		
—	Q	1 Axe du support	d⁰		
—	R	1 Siège de l'axe	d⁰		
—	S	1 Ressort extérieur.	Acier sp. ressort non trempé		
—	T	1 Ressort intérieur.	d⁰		
—	U	1 Guide du ressort.	Br.		
—	V	2 Niveaux d'angle	Cristal et essence		
—	X	1 Enveloppe du niveau.	Laiton		
—	Y	1 Manchon du niveau.	Acier dur		
—	Z	2 Bouchons.	d⁰	Série	
—	A′	1 Écran.	d⁰	pour	
—	B′	1 Enveloppe de niveau	Laiton	un appareil	
—	C′	1 Support.	Acier dur	de visée	
—	D′	2 Bouchons.	d⁰	complet.	
—	E′	1 Écran	d⁰		
—	F′	1 Vis.	Acier mi-dur		
179 a	A	1 Support de l'appareil de visée (1 prisonnier C. R). . . .	Acier dur		
—	B	1 Bouchon fileté.	d⁰		
—	C	1 Pièce mobile	d⁰		
—	D	2 Vis de fixation.	Acier mi-dur		
—	E	1 Vis de commande du mécanisme de correction (1 écrou, 1 goupille fendue, acier mi-dur, 1 rond, acier ressort trempé	Acier dur		
—	F	1 Manette de serrage (1 rond, 1 goupille fendue acier demi-dur)	d⁰		
—	G	1 Vis du support.	Acier mi-dur		
—	H	1 Ressort d'appui de l'appareil de visée	Acier ressort trempé		
180	A	1 Patte de liaison	Acier dur		
—	B	2 Vis fixant le support (2 goupilles fendues).	Acier mi-dur		
—	C	1 Frein des vis.	d⁰		
		Supports de l'appareil de visée comprenant :		20	20
179 a	A	1 support de l'appareil (1 prisonnier C. R.)	Acier dur	Série	
—	B	1 Bouchon fileté	d⁰	pour un support	
—	C	1 Pièce mobile.	d⁰	de l'appareil complet.	

PIÈCES FORGÉES		PIÈCES USINÉES		ÉCHELONNEMENT DES LIVRAISONS	
FOURNISSEUR	QUANTITÉ	FOURNISSEUR	QUANTITÉ	Prévu :	Réalisé :

NUMÉRO des PLANS	LETTRE	DÉSIGNATION DES GROUPES ET PIÈCES	QUALITÉ des MATIÈRES	QUANTITÉS déjà commandées par GUERRE	QUANTITÉS à commander par GUERRE
179 a (suite)	D	Vis de fixation.	Acier mi-dur		
—	E	1 Vis de commande (1 écrou, 1 goupille fendue acier mi-dur, 1 rond acier ressort trempé)	Acier dur		
—	F	1 Manette (1 rond, 1 goupille fendue acier mi-dur). . . .	d°	Série pour un support de l'appareil complet.	
—	G	1 Vis du support.	Acier mi-dur		
—	H	1 Ressort d'appui de l'appareil de visée.	Acier ressort trempé		
180	A	1 Patte de liaison	Acier dur		
—	B	2 Vis fixant le support (2 goupilles fendues).	Acier mi-dur		
—	C	1 Frein des vis	d°		
		Rallonges de goniomètre comprenant :		32	176
182	A	1 Support de la rallonge.	Acier dur		
—	B	1 About de l'extrémité inférieure de la rallonge	d°		
—	C	1 Tube de la rallonge	Tube acier mi-dur		
—	D	1 Bonhomme de calage.	Acier dur		
—	E	1 Ressort du bonhomme	Acier ressort trempé		
182	F	1 Bouchon du logement du bonhomme.	Acier dur	Série pour une rallonge complète.	
—	G	1 Gaine de la rallonge	d°		
—	H	1 Manette de manœuvre, 1 goupille acier mi-dur	d°		
—	I	1 Rondelle de tension	d°		
—	J	1 ressort de rappel.	A. ressort trempé		
—	K	1 Axe	Acier dur		
—	L	1 Bonhomme de calage en direction	d°		
—	M	1 Ressort du bonhomme	A. ressort trempé		
—	N	1 Bouchon du logement du bonhomme.	Acier dur		
182	C	Tubes de la rallonge	Tôle acier mi-dur	»	50
		Leviers de pointage complet, comprenant :		»	15
185	A	1 Tube de levier de pointage (2 rondelles soudées)	Tube A. mi-dur sans soudure	Série pour un levier de pointage complet.	
—	B	1 Douille de la traverse AR	Acier dur		
—	C	1 Douille de la traverse AV	d°		
—	D	1 Traverse AR	Tube A. sans soudure		
—	E	1 Traverse AV	d°		

| PIÈCES FORGÉES | | PIÈCES USINÉES | | ÉCHELONNEMENT DES LIVRAISONS | |
FOURNISSEUR	QUANTITÉ	FOURNISSEUR	QUANTITÉ	Prévu :	Réalisé :

NUMÉRO des PLANS	LETTRE	DÉSIGNATION DES GROUPES ET PIÈCES	QUALITÉ des MATIÈRES	QUANTITÉS déjà commandées par GUERRE	à commander par GUERRE
186	A	1 Chape AR 1 1 levier, 3 vi s e 12, acier mi-dur.	Acier dur		
—	B	2 Sus-bandes de la chape AR du levier de pointage. . . .	do		
—	C	1 Manivelle du levier de pointage, 1 goupille, acier mi-dur	do		
—	D	2 Axes d'articulation des sus-bandes des chapes AV et AR.	do		
—	E	2 Axes à robinet des chapes AV et AR.	do		
—	F	2 Poignées des manivelles.	Bronze 3		
—	G	2 Boîtes des ressorts des poignées	Acier dur	Série pour un levier de pointage complet.	
—	H	2 Axes des poignées	do		
—	I	2 Ressorts des poignées.	A. ressort trempé		
187	A	1 Chape du levier	Acier dur		
—	B	2 Sus-bandes de la chape AV.	do		
—	C	1 Manivelle de la chape AV (1 goupille fendue, A. mi-dur)	do		
—	D	2 Axes d'accrochage des manivelles	do		
188	A	1 Verrou d'immobilisation (1 écrou, 1 goupille)	do		
—	B	1 Levier de Manœuvre	do		
—	C	1 Support du verrou	do		
—	D	1 Ressort du verrou	A. ressort trempé		
186	B	Sus-bandes de la chape AR du levier de pointage . . .	Acier dur	9	52
Poulies de mise hors batterie, comprenant :				»	25
190	A	2 Poulies.	Acier dur		
—	B	2 Bagues.	Bronze 3		
—	C	1 Chape	do		
—	D	1 Axe	Acier dur		
—	E	1 Crochet.	do	Série pour une poulie complète.	
—	F	1 Anneau	do		
—	G	1 Vis d'arrêt	Acier mi-dur		
—	H	1 Anneau.	Acier dur		
—	I	1 Vis d'arrêt	Acier mi-dur		
—	J	2 Cordes	Chanvre		
—	K	2 Crochets	Acier dur		
190	J	Cordes . . . } assemblés	Chanvre	»	60
—	K	Crochets . . }	Acier dur	»	60

PIÈCES FORGÉES		PIÈCES USINÉES		ÉCHELONNEMENT DES LIVRAISONS	
FOURNISSEUR	QUANTITÉ	FOURNISSEUR	QUANTITÉ	PRÉVU :	RÉALISÉ :

NUMÉRO des PLANS	LETTRE	DÉSIGNATION DES GROUPES ET PIÈCES	QUALITÉ des MATIÈRES	QUANTITÉS déjà commandées par GUERRE	QUANTITÉS à commander par GUERRE
		Pompes à air complètes, comprenant :			
196	A à U	Détails de la pompe	Série pour une pompe compl^{te}	38	26
		Tuyaux de pompes à air comprenant :			
197	A à G	Tuyaux de refoulement et détails.		90	10
		Jeu de clés et bagues, comprenant :		»	10
208	A	2 Clés de manœuvre des galets AV et AR	Acier dur		
—	B	2 Poignées d'appui, 2 rivets acier doux	d°		
—	C	2 Corps de levier	d°		
—	D	2 Couvercles de levier	d°		
—	E	2 Roues dentées	d°		
—	F	2 Cliquets	A. outils trempé		
—	G	2 Bonshommes de cliquet	Acier dur		
—	H	2 Ressorts de bonhomme	A. ressort trempé		
—	I	2 Vis de couvercle	Acier mi-dur		
—	J	2 Vis de couvercle	d°		
209	A	1 Clé	Acier dur		
—	B	1 Rallonge de la clé A	d°		
—	C	1 Clé pour le démontage du grain du piston de frein . . .	d°	Série	
—	D	1 Clé de serrage et de réglage	d°	pour un	
—	E	1 Clé de serrage et de réglage	d°	jeu de clés	
—	F	2 Tire-fond	d°	complet.	
—	G	1 Clé	d°		
210	A	1 Clé	d°		
—	B	1 Clé	d°		
—	C	1 Clé	d°		
—	D	1 Clé pour le bouchon du trou de remplissage du frein . .	d°		
—	E	1 Clé	d°		
—	F	1 Clé pour les obturateurs de bout d'essieu	d°		
211	A	1 Clé	d°		
—	B	1 Clé	d°		
—	C	1 Clé	d°		
213	A	1 Rallonge du siège de la garniture	d°		

PIÈCES FORGÉES		PIÈCES USINÉES		ÉCHELONNEMENT DES LIVRAISONS	
FOURNISSEUR	QUANTITÉ	FOURNISSEUR	QUANTITÉ	Prévu :	Réalisé :

PIÈCES FORGÉES		PIÈCES USINÉES			
FOURNISSEUR	QUANTITÉ	FOURNISSEUR	QUANTITÉ	Prévu :	Réalisé :

NUMÉRO des PLANS	LETTRE	DÉSIGNATION DES GROUPES ET PIÈCES	QUALITÉ des MATIÈRES	QUANTITÉS déjà commandées par GUERRE	à commander par GUERRE	
213 (suite)	B	1 Bague de montage.	Acier doux			
—	C	1 Rallonge de la boîte	Acier dur			
—	D	1 Bague de frottement	Acier doux			
—	E	1 Bague de montage.	d°			
—	F	1 Bague de montage.	d°	Série pour un jeu de clés complet.		
—	G	1 Crochet pour enlever les cuirs emboutis. . . .	Laiton			
—	H	1 Refouloir des tresses	C. R.			
216	A	1 Clé de vissage.	Acier dur			
217	A	1 Clé du boulon de fixation	d°			
—	B	1 Clé de la vis d'arrêt	d°			
		Jeux de clés pour V. C., comprenant :		12	46	
211	A	1 Clé	Acier dur			
—	B	1 Clé	d°	Série pour un jeu complet.		
—	C	1 Clé	d°			
		Jeux de clés pour garnitures de récup[r], comprenant :		12	46	
209	A	1 Clé	Acier dur			
—	B	1 Rallonge	d°	Série pour un jeu complet.		
—	E	1 Clé	d°			
—	G	1 Clé	d°			
210	B	1 Clé				
		Jeux de clés pour appareils de visée, comprenant :		12	46	
217	A	1 Clé du bouchon de fixation	Acier dur	Série pour un jeu complet.		
—	B	1 Clé de la vis d'arrêt	d°			
—	»	Clés de réglage de l'appareil de visée	?	12	46	
205	A	Simbleau de bouche	Acier	42	36	
—	B	Simbleau de culasse	d°	42	36	
207	F	Entonnoirs avec tuyaux de remplissage du frein	C. R.	120	»	
—	G	Chasse-goupilles de $1^{mm},8$.	Acier outils	90	90	
—	H	d° de $3^{mm},8$.	d°	90	90	
—	I	d° de $5^{mm},8$.	d°	90	90	

PIÈCES FORGÉES		PIÈCES USINÉES		ÉCHELONNEMENT DES LIVRAISONS	
FOURNISSEUR	QUANTITÉ	FOURNISSEUR	QUANTITÉ	PRÉVU :	RÉALISÉ :

NUMÉRO des PLANS	LETTRE	DÉSIGNATION DES GROUPES ET PIÈCES	QUALITÉ des MATIÈRES	QUANTITÉS	
				déjà commandées par GUERRE	à commander par GUERRE
210	B	Clés	Acier dur	30	»
—	A	Clés	do	30	»
—	C	Clés	do	60	»
—	D	Clés	do	120	»
—	F	Clés	do	12	46
213	A à H	Outillage pour préparation et mise en place des tresses .	Acier, laiton, C. R.	6	23
215	A à F	Indicateur de volume. . . . . '	Divers	30	»
216	A	Clés de vissage	Acier dur	42	36
—	B C	Alésoir du logement d'étoupilles avec poignée	Br. 3 et bois dur	60	60
221	A à Q	Boîtes pour lunette de pointage	Tôle et divers	120	120
226	A à K	Boîtes pour culasse de rechange	Sapin et acier	60	60
228 bis	A	Cibles pour goniomètre panoramique.		72	66
222	A à K	Caisses pour pompe et vis de compression.	Sapin et acier	6	23
383	A	Manivelles de manœuvre des galets de soulèvement (1 goupille fendue).	Acier dur	252	246
429	A	Volants de manœuvre	do	2	6
—	B à E	Verrous complets d'immobilisation des volants.	do	20	120
218	A	Extracteurs d'étoupilles à mains . . . . . }	do	120	120
—	B	Manche de l'extracteur . . . . } assemblés.	Hêtre	120	120
—	C	Virole du manche, 1 contre-rivure . . . . }	Acier dur	120	120
196	E	Cuirs du petit piston	Cuir hongroyé	60	60
—	F	Cuirs du gros piston	do	60	60
		Pompes à liquide complètes comprenant :		30	2
199	A	1 Corps de pompe (1 goupille fendue, acier mi-dur) . . .	Bronze 3	Série pour une pompe complète.	
200	A à Z	Détails de la pompe à liquide			
		Vis de compression complètes comprenant :			
202	A à L	Détails de la vis		30	2
203	A	Leviers de manœuvre de l'affût . . . . . } assemblés.	Frêne	272	306
—	B	Ferrures du levier, 20 vis à bois . . . . . }	Acier mi-dur	272	306

PIÈCES FORGÉES		PIÈCES USINÉES		ÉCHELONNEMENT DES LIVRAISONS	
FOURNISSEUR	QUANTITÉ	FOURNISSEUR	QUANTITÉ	PRÉVU :	RÉALISÉ :

NUMÉRO des PLANS	LETTRE	DÉSIGNATION DES GROUPES ET PIÈCES	QUALITÉ des MATIÈRES	QUANTITÉS	
				déjà commandées par GUERRE	à commander par GUERRE
		Boîtes à raccords complètes comprenant		64	22
204	F	1 Manomètre		Série	
—	G	1 Tube intérieur.	Bronze forgé	pour	
—	H	1 Raccord	Acier dur	une boîte	
—	I	1 Raccord à 4 tubulures	d°	à raccords	
—	J	2 Bouchons.	d°	complète.	
221	Q	Boulons de fixation avec écrous, goup., ergots, A. mi-dur.	Acier mi-dur	30	30
		Roues d'AV trains d'affûts et de voitures-canons comprenant :		80	100
275-301	A	1 Roue (12 rais, 1 jante en 3 parties	Frêne de fil		
—	B	1 Cercle de roues (6 boulons, 6 ergots, 6 écrous, 6 rondelles acier mi-dur trempé et recuit, 6 goupilles fendues acier doux)	Acier demi-dur trempé, recuit		
—	C	3 Sabots couvre-joints des jantes (6 boulons et 6 ergots, 6 écrous acier mi-dur trempé, recuit, 6 goupilles fendues acier doux.	Acier extra doux	Série	
—	D	9 Sabots des rais (27 rivets).	d°	pour	
—	E	1 Moyeu (12 boulons, 12 écrous cier mi-dur trempé et recuit, 12 goupilles fendues acier doux).	Acier mi-dur	une roue	
—	F	1 Disque mobile.	Acier mi-dur	complète.	
—	G	1 Garniture intérieure (2 vis laiton)	Bronze 3		
—	H	1 d° extérieure d°	d°		
		Servantes complètes comprenant :		»	10
277-308	A	1 Tube de servante	Tube acier sans soudure R = 58 à 68 A °/₀ 15		
—	B	1 Crochet de servante	Acier dur		
—	C	1 Bout de servante.	d°	Série	
—	D	1 Piton de servante	d°	pour	
—	E	1 Chaînette (1 anneau rond, 1 té)	Fer supérieur	une servante	
		2 Anneaux longs, 1 piton d'attache, 1 écrou.	Acier mi-dur	complète.	
		1 Goupille fendue	»		

<table>
<tr><td colspan="2">PIÈCES FORGÉES</td><td colspan="2">PIÈCES USINÉES</td><td colspan="2" rowspan="2">ÉCHELONNEMENT DES LIVRAISONS</td></tr>
<tr><td>FOURNISSEUR</td><td>QUANTITÉ</td><td>FOURNISSEUR</td><td>QUANTITÉ</td></tr>
<tr><td></td><td></td><td></td><td></td><td>Prévu :</td><td>Réalisé :</td></tr>
</table>

NUMÉRO des PLANS	LETTRE	DÉSIGNATION DES GROUPES ET PIÈCES	QUALITÉ des MATIÈRES	QUANTITES déjà commandées par GUERRE	QUANTITES à commander par GUERRE
		Timons complets comprenant :		140	150
286-347	A	1 Timon (5 vis à bois)	Frêne de fil		
—	B	1 Enveloppe AR du timon	Tôle acier mi-doux		
—	C	1 Butée du timon (3 vis à bois)	Acier dur		
—	D	1 Douille des colliers.	do	Série pour un timon complet.	
—	E	1 Collier de fixation des branches de support (en 2 parties), 2 boul., 2 erg., 2 écr., A. mi-dur, 2 goup. A. mi-dur.	do		
287-318	A	2 Chaînes d'attelage comprenant chacune 17 maillons de 37, 1 grand anneau; 1 faux anneau en acier dur.	Fer supérieur		
—	B	2 Chaînettes des anneaux coulants des branches de support (chacune 4 maillons de 24, 1 anneau coulant et 1 passant de la courroie)	do		
		Chaînettes d'attelage complètes comprenant :		»	20
287-318	A	Chaînes d'attelage comprenant chacune 17 maillons de 37, 1 grand anneau, 1 faux anneau en acier dur. .	Fer supérieur	Série pour une chaînette d'attelage.	
—	B	2 Chaînettes des anneaux coulants des branches de support (chacun 4 maillons de 24, 1 anneau coulant et 1 passant de la courroie)	do		
—	A	Chaînes d'attelage comprenant chacune 17 maillons, 1 grand anneau, 1 faux anneau en acier dur.	Fer supérieur	60	120
		Palonniers AR d'affût et voiture-canon comprenant :		140	146
280-311	A	2 Palonniers AR (4 bouchons soudés)	Tôle acier mi-dur		
—	B	2 Crochets milieu (modèle Lachèze)	Acier moulé doux étampé	Série pour un palonnier AR complet.	
—	C	4 Crochets d'extrémité (modèle Lachèze)	do		
—	D	4 Loquets des crochets.	Acier mi-dur		
—	E	4 Axes des loquets d'extrémité.	do		
—	F	4 Ressorts des crochets d'extrémité.	Bronze d'aluminium		
—	G	2 Loquets des crochets milieu.	Acier mi-dur		
—	H	2 Axes des loquets milieu.	do		
—	I	2 Ressorts des crochets milieu.	Bronze d'aluminium		

PIÈCES FORGÉES		PIÈCES USINÉES		ÉCHELONNEMENT DES LIVRAISONS	
FOURNISSEUR	QUANTITÉ	FOURNISSEUR	QUANTITÉ	Prévu :	Réalisé :

NUMÉRO des PLANS	LETTRE	DÉSIGNATION DES GROUPES ET PIÈCES	QUALITÉ des MATIÈRES	QUANTITÉS déjà commandées par GUERRE	à commander par GUERRE	
		Volées de bout de timon comprenant :		80	84	
283-314	A	1 Volée (2 bouchons soudés aux extrémités)	Tôle acier demi-dur, ép' 4,5			
—	B	1 Crochet milieu complet avec ressort mousqueton (système Lachèze	Acier doux moulé, étampé	Série pour une volée complète.		
—	C	2 Crochets d'extrémité avec ressort mousqueton (système Lachèze)	d°			
		Garnitures pour roues comprenant :		»	20	
288-319	A	2 Manchons à coupelle d'épaulement d'essieu	Acier dur			
—	B	2 Garnitures de manchons	Cuir			
—	C	2 Rondelles à coupelle à gradins	Acier dur			
—	D	2 Garnitures de rondelles	Cuir	Série pour une garniture complète.		
—	E	2 Esses	Acier dur			
288-319	F	2 Anneaux d'esses	Acier dur			
—	G	2 Axes d'anneaux	d°			
—	H	2 Lanières	Cuir hongroyé, épaisseur 3 $^{m}/_{m}$			
		Rondelles à coupelle comprenant :		306	438	
288-319	C	Rondelles à coupelle à gradins	Acier dur			
—	E	Esses	d°			
—	F	Anneaux d'esses	d°	Série pour détail de rondelle.		
—	G	Axes d'anneaux	d°			
—	H	Lanières	Cuir hongroyé, épaisseur 3 $^{m}/_{m}$			
329	A	Renforts de courroie (rivets C. R.)	Cuir fauve de 4 à 5 $^{m}/_{m}$ d'épais.	»	50	
—	B	Courroies porte-traits de rechange (avec boucles, ardillons et passants)	d°	»	30	
		Tubes et fusées d'essieu AR. T. V. C. comprenant :		»	10	
338 bis	A	1 Tube d'essieu	Tube A. sans soudure			
—	B	2 Fusées d'essieu	A. dur trempé recuit 75-50-15	Série pour un tube d'essieu complet.		
—	C	2 Clavettes d'assemblage (2 goup. fendues, A. demi-dur) .	Acier dur			
—	D	2 Rondelles de butée (2 goupilles filetées)	d°			
—	E	2 Extrémités des fusées	d°			

PIÈCES FORGÉES		PIÈCES USINÉES		ÉCHELONNEMENT DES LIVRAISONS	
FOURNISSEUR	QUANTITÉ	FOURNISSEUR	QUANTITÉ	Prévu :	Réalisé :

NUMÉRO des PLANS	LETTRE	DÉSIGNATION DES GROUPES ET PIÈCES	QUALITÉ des MATIÈRES	QUANTITÉS	
				déjà commandées par GUERRE	à commander par GUERRE
		Rondelles de bout d'essieu R. T. V. C. comprenant :		120	120
339 bis	A	2 Rondelles de bouts d'essieux avec cuir, rondelles laiton et rivets C. R	d°	Série pour une rondelle complète.	
—	B	2 Esses de bouts d'essieu	d°		
—	C	2 Anneaux (en deux parties) (2 axes acier demi-dur) . . .	Acier ressort trempé		
		Avant trains d'affûts complets comprenant :		1	12
271	A	1 Châssis d'AVT (épaisseur 4 ^{m}/$_m$)	Tôle acier mi-doux		
—	B	1 Traverse d'AVT (épaisseur 4 ^{m}/$_m$)	Tôle acier mi-dur		
—	C	1 Cornière de la traverse (épaisseur 7 ^{m}/$_m$)	d°		
—	D	1 Tôle de dessous (épaisseur 4 ^{m}/$_m$)	d°		
—	E	1 Entretoise AV (épaisseur 4 ^{m}/$_m$)	Tôle acier mi-doux		
—	F	1 Entretoise AR (épaisseur 4 ^{m}/$_m$)	d°		
—	G	1 Guide du contre appui (épaisseur 10 ^{m}/$_m$)			
—	H	1 Traverse	Tôle acier mi-dur		
—	I	1 Renfort	d°		
—	J	2 Équerres	d°		
272	»	Finissage du châssis			
273	A	1 Cheville d'attelage	Acier dur		
—	B	1 Cadre de dressage	Tôle acier mi-dur	Série pour un AV-T. complet.	
274	A	2 Tirants de châssis (symétriques)	Acier dur		
275-301	A	2 roues, 24 rais, 2 jantes, en trois parties chacune . . .	Frêne de fil		
—	B	2 Cercles des roues (12 boul., 12 erg., 13 écr., 12 ronds, acier mi-dur trempé et recuit, 12 goup. fendues acier doux)	A. mi-dur trempé recuit		
—	C	6 Sabots couvre-joints des jantes (12 boul., 12 écr. acier mi-dur trempé et recuit, 12 goup. fendues acier doux).	Acier extra doux		
—	D	18 sabots des rais (54 rivets)	d°		
—	E	2 Moyeux (24 boul., 24 écr., acier mi-dur trempé recuit, 24 goup. fendues acier doux)	Acier mi-dur		
—	F	2 Disques mobiles	d°		
—	G	2 Garnitures intérieures (4 vis laiton)	Bronze 3 C — 83. E = 12, Z = 3		
—	H	2 Garnitures extérieures (4 vis laiton)	d°		
276	A	1 Tube d'essieu	Tube A. sans soudure		
—	B	2 Fusées d'essieu	A. dur trempé recuit 75-50-15		
—	C	2 Brides d'assemblage (16 vis)	Acier dur		

<table>
<tr><th colspan="2">PIÈCES FORGÉES</th><th colspan="2">PIÈCES USINÉES</th><th colspan="2">ÉCHELONNEMENT DES LIVRAISONS</th></tr>
<tr><th>FOURNISSEUR</th><th>QUANTITÉ</th><th>FOURNISSEUR</th><th>QUANTITÉ</th><th>Prévu :</th><th>Réalisé :</th></tr>
</table>

NUMÉRO des PLANS	LETTRE	DÉSIGNATION DES GROUPES ET PIÈCES	QUALITÉ des MATIÈRES	QUANTITÉS déjà commandées par GUERRE	à commander par GUERRE	
276	D	2 Clavettes (2 goupilles)	Acier outils			
277-308	A	1 Tube de servante.	Tube A. sans soudure $R = 58$ à 68 $A^\circ/_\circ = 15$			
—	B	1 Crochet de servante	Acier dur			
—	C	1 Bout de servante.	d°			
—	D	1 Piton de servante	d°			
—	E	1 Chaînette (1 anneau rond, 1 té, 2 anneaux long, 1 piton d'attache, 1 écrou, 1 goupille fendue).	Fer supérieur			
278-309	A	1 Boulon d'attache (2 ronds, 1 écrou, 2 goupilles fendues, acier demi-d.).	Acier mi-dur			
—	B	1 Disque d'entraînement (2 pitons acier mi-doux)	d°			
—	C	1 Disque d'appui.	d°			
—	D	4 Boulons (4 écrous, 4 goupilles fendues).	d°			
—	E	1 Ressort du timon élastique	Acier ressort trempé			
—	F	1 Tube limitant la course du timon	Acier mi-dur			
—	G	1 Collier AV du châssis.	d°			
—	H	4 Doigts de manœuvre (4 lanières cuir).	d°			
—	I	4 Gâches d'immobilisation des boulons	d°			
279-310	A	1 Chevillette clé de timon.	d°	Série		
—	B	1 Clavette de retenue.	d°	pour		
—	C	1 Anneau fendu.	d°	un AV-T.		
—	D	1 Chaînette (2 anneaux longs acier mi-dur)	Fer supérieur	complet.		
—	E	1 Touret complet (1 anneau rond acier mi-dur)	d°			
—	F	1 Piton de la chaînette.	Acier mi-dur			
—	G	1 Chaînette de la clavette (2 anneaux ronds acier mi-dur).	Fer supérieur			
—	H	1 Piton de la chaînette.	Acier mi-dur			
280-311	A	2 Palonniers AR (4 boulons soudés)	Tôle acier mi-dur			
—	B	2 Crochets milieu (modèle Lachèze)	Acier moulé doux étampé			
—	C	4 Crochets d'extrémité (modèle Lachèze)	d°			
—	D	4 Loquets des crochets.	Acier mi-dur			
—	E	4 Axes des loquets.	d°			
—	F	4 Ressorts des crochets.	Bronze d'aluminium			
—	G	2 Loquets des crochets milieu.	Acier mi-dur			
280-311	H	2 Axes des loquets.	d°			
—	I	2 Ressorts des crochets.	Bronze d'aluminium			
281-312	A	2 Ressorts AV d'avant-train.	Acier ressort trempé			
282-313	A	2 Boîtes des ressorts	Tube acier mi-dur 58 à 68 — 15			

<table>
<tr><th colspan="2">PIÈCES FORGÉES</th><th colspan="2">PIÈCES USINÉES</th><th colspan="2">ÉCHELONNEMENT DES LIVRAISONS</th></tr>
<tr><th>FOURNISSEUR</th><th>QUANTITÉ</th><th>FOURNISSEUR</th><th>QUANTITÉ</th><th>PRÉVU :</th><th>RÉALISÉ :</th></tr>
</table>

NUMÉRO des PLANS	LETTRE	DÉSIGNATION DES GROUPES ET PIÈCES	QUALITÉ des MATIÈRES	QUANTITÉS	
				déjà commandées par GUERRE	à commander par GUERRE
282-313 (suite)	B	2 Tige des ressorts (sym.) 2 écrous, 2 goupilles fendues) .	Acier mi-dur		
—	C	2 Coussinets des tiges des ressorts	d°		
—	D	2 Butées mobiles des ressorts	Bronze 3		
—	E	4 Rondelles d'appui	Cuir		
—	F	2 Douilles	Tube acier mi-dur $C = 58$ à 68 A $°/° = 15$		
—	G	2 Supports AV	Acier dur		
—	H	2 Supports AR	d°		
283-314	A	1 Volée de bout de timon en deux parties (2 boucles soud.)	Tôle acier mi-dur		
—	B	1 Crochet milieu complet avec ressorts et mousqueton (système Lachèze)	Acier doux moulé étampé		
—	C	2 Crochets d'extrémités complets avec ressorts et mousqueton (système Lachèze)	d°		
284-315	A	1 Ressort AV du timon	Acier ressort trempé		
285	A	1 Gaine du timon	Tôle acier mi-doux		
—	B	1 Tige d'accrochage (1 écrou, 1 goupille)	Acier dur		
—	C	1 Coussinet de la tige	d°		
—	D	1 Douille de la tige	Tube acier mi-dur		
—	E	1 Bouchon fileté (2 tétons)	Acier dur		
—	F	1 Butée du ressort AV	Bronze 3	Série pour un AV-T. complet.	
—	G	1 Anneau d'attache	Acier dur		
—	H	1 Renfort AV	Tube acier mi-dur		
—	I	2 Rondelle de butée	Cuir		
286-317	A	1 Timon (5 vis à bois)	Frêne de fil		
—	B	1 Enveloppe AR du timon	Tôle acier mi-dur		
—	C	1 Butée du timon (3 vis à bois)	Acier dur		
—	D	1 Douille des colliers	d°		
—	E	1 Collier de fixation (en deux parties) (2 boulons, 2 écrous, 2 goupilles, acier doux)	d°		
287-318	A	2 Chaînes d'attelage comprenant chacune 17 maillons de 37, 1 faux anneau acier dur, 1 grand anneau	Fer supérieur		
—	B	2 Chaînettes des anneaux coulants des tranches de support (chacune 4 maillons de 24), 1 anneau coulant et 1 passant de la courroie d'agrafe	d°		
288-319	A	2 Manchons à coupelle d'épaulement d'essieu	Acier dur		
—	B	2 Garnitures de manchons à coupelle	Cuir		
—	C	2 Rondelles à coupelles à gradins	Acier dur		
—	D	2 Garnitures de rondelle à coupelles à gradins	Cuir		
—	E	2 Esses	Acier dur		

PIÈCES FORGÉES		PIÈCES USINÉES		ÉCHELONNEMENT DES LIVRAISONS	
FOURNISSEUR	QUANTITÉ	FOURNISSEUR	QUANTITÉ	Prévu :	Réalisé :

NUMÉRO des PLANS	LETTRE	DÉSIGNATION DES GROUPES ET PIÈCES	QUALITÉ des MATIÈRES	QUANTITÉS		
				déjà commandées par GUERRE	à commander par GUERRE	
288-319 *(suite)*	F	2 Anneaux d'esses.	Acier dur			
—	G	2 Axes d'anneaux	d°			
—	H	2 Lanières d'esses	Cuir hongr. de 3 ^{m}/^{m} d'épais^r			
290-321	A	1 Tôle d'emboîtement	Tôle acier mi-dur			
—	B	2 Cales AR (sym.).	d°			
—	C	2 Cales AV (sym.).	d°			
—	D	1 Tôle d'emboîtement	d°			
—	E	1 Cale de la dite tôle.	d°			
—	F	1 Renfort de la tôle	d°			
—	G	1 Collier AR	Acier mi-dur			
—	H	1 Collier AV	d°			
—	I	2 Cales supérieures	Tôle acier mi-dur			
—	J	2 Cales inférieures.	d°			
291	A	1 Chaînette (1 té acier dur) (1 anneau fendu acier dur) . .	Fer supérieur			
—	B	1 Anneau fendu.	Acier dur			
292	A	2 Crochets extérieurs (sym.).	Acier mi-dur			
—	B	1 Support milieu	d°			
293	A	5 Renforts (10 rivets C.R.)	Cuir fauve de 1 à 5 ^{m}/^{m} d'épais^r	Série pour un AV-T. complet.		
—	B	5 Courroies (5 boucles, 5 ardillons, 5 passants)	d°			
—	C	1 Console guide de gauche	Tôle acier mi-dur			
295	A	1 Support de la boîte à graisse (en 2 parties rivées). . . .	Tôle acier mi-dur			
—	B	1 Collerette du support	d°			
—	C	1 Console supérieure.	d°			
—	D	1 Equerre de guidage	d°			
—	E	1 Console inférieure du support	d°			
—	F	1 Entretoise de la console.	d°			
—	G	1 Couvercle de la cage de la boîte à graisse	d°			
—	H	1 Garniture du couvercle (4 rivets C. R.)	Noyer paraffiné			
—	I	1 Charnière du couvercle (1 axe, acier mi-dur)	Acier dur			
—	J	1 Charnière de la collerette.	d°			
—	K	1 Piton de la fermeture du couvercle.	d°			
—	L	1 Verrou de la fermeture en 2 parties	Acier mi-dur			
—	M	1 Piton d'attache de la lanière.	d°			
296	A	1 Montant AR de la cage de boîte à clous	Tôle acier mi-dur			
—	B	1 Tirant AR de la cage de la boîte à clous.	d°			
—	C	1 Cadre AR de la cage de la boîte à clous.	d°			

PIÈCES FORGÉES		PIÈCES USINÉES		ÉCHELONNEMENT DES LIVRAISONS	
FOURNISSEUR	QUANTITÉ	FOURNISSEUR	QUANTITÉ	Prévu :	Réalisé :

NUMÉRO des PLANS	LETTRE	DÉSIGNATION DES GROUPES ET PIÈCES	QUALITÉ des MATIÈRES	QUANTITÉS déjà commandées par GUERRE	QUANTITÉS à commander par GUERRE	
296 *(suite)*	D	1 Entretoise du cadre et du tirant AR	Tôle acier mi-dur			
—	E	1 Cadre AV de la cage de boîte à clous.	d°			
—	F	1 Tirant AV de la cage de la boîte à clous.	d°			
—	G	1 Entretoise supérieure des cadres	d°			
—	H	1 Patte d'attache.	Tôle acier mi-dur			
—	I	1 Arc boutant.	d°			
—	J	1 Entretoise inférieure	d°			
—	K	1 Entretoise du cadre	d°			
—	L	2 Agrafes de la plaque mobile.	d°			
—	M	1 Anneau de fixation.	Acier mi-dur			
—	N	2 Boulons avec ergots (2 écrous, 2 goupilles fendues). . .	d°			
—	O	2 Boulons avec ergots (2 écrous, 2 goupilles fendues). . .	d°			
297	A	1 Plaque d'inscription	Laiton n° 1	Série pour un AV-T. complet.		
298 329 bis	A	2 Branches de supports de timons	Métal ident. à celui déjà livré à la guerre pour branches de supp^{ts}			
500-800	A	1 Corps de timon	Frêne			
—	B	1 Boucle d'extrémité du timon.	Acier mi-dur			
—	C	1 Tôle d'extrémité AV du timon.	Tôle acier mi-dur			
—	D	1 Tôle d'extrémité AR du timon.	d°			
—	E	1 Axe d'articulation du timon (1 rondelle vis., 1 goupille).	Acier mi-dur			
—	F	1 Ferrure de l'axe.	d°			
—	G	1 Support de l'axe.	d°			
501-801	A	1 Disque de fixation, 2 pitons vissés, acier dur)	Acier mi-dur			
—	B	1 Boulon d'attache du timon (1 écr., 2 rond, 1 goup. fend.)	Acier dur			
—	C	1 Ressort du timon	A. ressort trempé			
—	E	1 Tube limitant la course du timon	Acier mi-dur			
—	F	2 Ferrures d'articulation du timon (sym.).	d°			
500 501	A à G A à E	Timons complets pour traction automobile.	Bois et acier	80	120	
		Avant-trains pour voiture canon, comprenant :		»	10	
301-275	A	2 Roues (24 rais, 2 jantes en 3 parties chacune)	Frêne de fil			
—	B	2 Cercles des roues (12 boulons, 12 ergots, 12 rondelles, 12 écr. A. mi-dur tremp. et rec^t, 12 goup. fend. A. doux)	Acier mi-dur trempé recuit	Série pour un AV-T. V.C. complet.		
—	C	6 Sabots couvre joints des jantes (12 boulons, 12 ergots, 12 écr. A. mi-dur trempé, rec^t, 12 goup. fend. A. doux)	Acier extra-doux			
—	D	18 Sabots des rais, 54 rivets	d°			

PIÈCES FORGÉES		PIÈCES USINÉES		ÉCHELONNEMENT DES LIVRAISONS	
FOURNISSEUR	QUANTITÉ	FOURNISSEUR	QUANTITÉ	Prévu :	Réalisé :

NUMÉRO des PLANS	LETTRE	DÉSIGNATION DES GROUPES ET PIÈCES	QUALITÉ des MATIÈRES	QUANTITÉS déjà commandées par GUERRE	à commander par GUERRE	
301-275 (suite)	E	2 Moyeux (24 boul., 24 écr., acier mi-dur trempé recuit, 24 goupilles fendues, acier doux)	Acier mi-dur			
—	F	2 Disques mobiles	d°			
—	G	2 Garnitures intérieures des moyeux (4 vis laiton)	Bronze 3			
—	H	2 Garnitures extérieure des moyeux (4 vis laiton)	d°			
302	A	1 Châssis d'AV-train, Ép. = 4 $^{m}/_{m}$	Tôle acier mi-doux			
—	B	1 Traverse d'AV, Ép. = 4 $^{m}/_{m}$	Tôle acier mi-dur			
—	C	1 Cornière de la traverse, Ép. = 7 $^{m}/_{m}$	d°			
—	D	1 Tôle de dessous, Ép. = 4 $^{m}/_{m}$	d°			
—	E	1 Entretoise AV	Tôle acier mi-doux			
—	F	1 Entretoise AR	d°			
303	A	2 Tirants du châssis d'AV-train (sym.)	Acier dur			
304	»	Finissage du châssis				
305	A	1 Tube d'essieu	Tube A sans soudure			
—	B	2 Fusées d'essieu	A. dur trempé recuit			
—	C	2 Brides d'assemblage (16 vis, acier mi-dur)	Acier dur			
—	D	2 Clavettes d'assemblage des fusées (2 goupilles)	Acier outils			
305 extr.	B	2 Fusées d'essieu	A. d. trempé recuit 75-50-45	Série pour un AV-T. V.C. complet.		
306 bis	A	1 Clavette d'attelage	Acier dur			
—	B	1 Cale de dressage de la cheville	Tôle acier mi-dur			
—	C	1 Clavette d'attelage	Acier dur			
—	D	1 Frein de la clavette	Acier mi-dur			
—	E	1 Axe de frein (1 contre rivure)	d°			
—	F	1 Goupille de frein (1 piton acier dur, 1 ch., 2 esses fer sup^r 1 lanière cuir hongroyé)	Acier dur			
307	A	1 Contre-appui	Acier dur			
—	B	1 Cale de dressage	Tôle d'acier mi-dur			
308-277	A	1 Tube de servante	Tube A sans soudure			
—	B	1 Crochet de servante	Acier dur			
—	C	1 Pied de servante	d°			
—	D	1 Piton de servante	d°			
—	E	1 Chaînette porte-servante (1 anneau rond, 2 anneaux longs, 1 té, 1 piton d'attache, 1 écrou, 1 goupille)	Fer supérieur			
309-278	A	1 Bouchon d'attache (2 rondelles, 1 écrou fendu, 1 goupille fendue, acier mi-dur.	Acier mi-dur			
—	B	1 Disque d'entraînement du boulon	d°			
—	C	1 Disque d'appui du ressort	d°			

PIÈCES FORGÉES		PIÈCES USINÉES		ÉCHELONNEMENT DES LIVRAISONS	
FOURNISSEUR	QUANTITÉ	FOURNISSEUR	QUANTITÉ	Prévu :	Réalisé :

NUMÉRO des PLANS	LETTRE	DÉSIGNATION DES GROUPES ET PIÈCES	QUALITÉ des MATIÈRES	QUANTITÉS	
				déjà commandées par GUERRE	à commander par GUERRE
309-278 *(suite)*	D	Boulons (4 écrous, 4 goupilles acier doux)	Acier mi-dur		
—	E	1 Ressort du timon élastique	A. ressort trempé		
—	F	1 Tube limitant la course du timon	Acier mi-dur		
—	G	1 Collier AV du châssis	do		
—	H	4 Doigts de manœuvre (4 lanières cuir)	do		
—	I	4 Gâches d'immobilisation	do		
310-279	A	1 Chevillette clé de timon	Acier mi-dur		
—	B	1 Clavette de retenue de la chevillette	do		
—	C	1 Anneau fendu de la clavette	do		
—	D	1 Chaînette de la clavette (2 anneaux acier mi-dur)	Fer supérieur		
—	E	1 Touret complet de la chaînette (1 anneau acier mi-dur)	do		
—	F	1 Piton	Acier mi-dur		
—	G	1 Chaînette de la clavette de la cheville (2 anneaux ronds acier mi-dur)	Fer supérieur		
—	H	1 Piton	Acier mi-dur		
311-280	A	2 Palonniers AR (4 bouchons)	Tôle acier mi-dur		
—	B	2 Crochets milieu (modèle Lachèze)	Acier moulé doux étampé		
—	C	4 Crochets d'extrémité (modèle Lachèze)	do	Série	
—	D	4 Loquets des crochets d'extrémité	Acier mi-dur	pour un	
—	E	4 Axes des loquets	do	AV-T. V.C.	
—	F	4 Ressorts des crochets	Br. d'aluminium	complet.	
—	G	2 Loquets des crochets milieu	Acier mi-dur		
—	H	2 Axes des loquets	do		
—	I	2 Ressorts des crochets	Br. d'aluminium		
312-281	A	2 Ressorts d'AV train	Acier ressort trempé		
313-282	A	2 Boîtes de ressorts	Tube acier mi-dur 58 à 68 A % 15		
—	B	2 Tiges des ressorts (sym.), 2 écrous, 2 goupilles	Acier mi-dur		
—	C	2 Coussinets des tiges	do		
—	D	2 Butées mobiles des ressorts	Bronze 3		
—	E	4 Rondelles d'appui des tiges	Cuir		
—	F	2 Douilles des tiges	Tube acier mi-dur		
—	G	2 Supports AV des boîtes	Acier dur		
—	H	2 Supports AR des boîtes	do		
314-283	A	1 Volée de bout de timon (2 bouchons)	Tôle acier mi-dur		
—	B	1 Crochet complet milieu (système Lachèze)	Acier moulé doux estampé		
—	C	2 Crochets complets d'extrémité (système Lachèze)	do		

PIÈCES FORGÉES		PIÈCES USINÉES		ÉCHELONNEMENT DES LIVRAISONS	
FOURNISSEUR	QUANTITÉ	FOURNISSEUR	QUANTITÉ	PRÉVU :	RÉALISÉ :

NUMÉRO des PLANS	LETTRE	DÉSIGNATION DES GROUPES ET PIÈCES	QUALITÉ des MATIÈRES	QUANTITÉS déjà commandées par GUERRE	à commander par GUERRE
315-284	A	Ressort AV du timon	Acier ressort trempé		
316-285	A	Gaîne AV du timon	Tôle acier mi-doux		
—	B	1 Tige d'accrochage (1 écrou, 1 goupille)	Acier dur		
—	C	1 Coussinet de la tige	d°		
—	D	1 Douille.	Tube acier mi-dur		
—	E	1 Bouchon fileté du logement du ressort (2 tétons)	Acier dur		
—	F	1 Butée du ressort AV	Bronze 3		
—	G	1 Anneau d'attache des chaînes	Acier dur		
—	H	1 Renfort AV de la gaine	Tube acier mi-dur		
—	I	2 Rondelles de butée de la tige	Cuir		
317-286	A	1 Timon (5 vis à bois)	Frêne de fil		
—	B	1 Enveloppe AR du timon	Tôle acier mi-doux		
—	C	1 Butée du timon (3 vis à bois)	Acier dur		
—	D	1 Douille des colliers.	d°		
—	E	1 Collier (en 2 parties), 2 boul., 2 ergots, 2 écr., 2 goup. .	d°		
318-287	A	2 Chaînes d'attelage comprenant chacune : 17 maillons de 37, 1 faux anneau acier dur, 1 grand anneau . . .	Fer supérieur	Série pour un AV-T. V.C. complet.	
—	B	2 Chaînettes des anneaux coulants comprenant chacune : 4 maillons de 24, 1 anneau coulant et un passant . .	d°		
319-288	A	2 Manchons à coupelle d'épaulement d'essieu	Acier dur		
—	B	2 Garnitures de manchon.	Cuir		
—	C	2 Rondelles à coupelle à gradins.	Acier dur		
—	D	2 Garnitures de rondelles.	Cuir		
—	E	2 Esses.	Acier dur		
—	F	2 Anneaux d'esses.	d°		
—	G	2 Axes d'anneaux	d°		
—	H	2 Lanières d'esses	Cuir hongroyé ép. 3		
321-290	A	1 Tôle d'emboîtement du dessus du têtard.	Tôle acier mi-dur		
—	B	2 Cales AR de la tôle (sym.)	d°		
—	C	2 Cales AV d°	d°		
—	D	1 Tôle d'emboîtement du dessous du têtard..	d°		
—	E	1 Cale de la tôle.	Tôle acier mi-dur		
—	F	1 Renfort de la tôle	d°		
—	G	1 Collier AR du logement du têtard	Acier mi-dur		
—	H	1 Collier AV	d°		
—	I	2 Cales supérieures du collier AR	Tôle acier mi-dur		

<table>
<tr><td colspan="2">PIÈCES FORGÉES</td><td colspan="2">PIÈCES USINÉES</td><td colspan="2">ÉCHELONNEMENT DES LIVRAISONS</td></tr>
<tr><td>FOURNISSEUR</td><td>QUANTITÉ</td><td>FOURNISSEUR</td><td>QUANTITÉ</td><td>PRÉVU :</td><td>RÉALISÉ :</td></tr>
</table>

NUMÉRO des PLANS	LETTRE	DÉSIGNATION DES GROUPES ET PIÈCES	QUALITÉ des MATIÈRES	QUANTITÉS déjà commandées par GUERRE	à commander par GUERRE	
321-290	J	2 Cales inférieures du collier AV.	Tôle acier demi-dur			
324	A	2 Crochets extérieurs (sym.).	Acier mi-dur			
—	B	1 Support milieu	d°			
325-346	A	1 Plaque d'inscription	Laiton			
327	A	1 Support de boîte à graisse.	Tôle acier mi-dur			
—	B	1 Collerette de support	d°			
—	C	1 Console inférieure du support	d°			
—	D	1 Traverse de console	d°			
—	E	1 Console supérieure.	d°			
—	F	1 Équerre de guidage	d°			
—	G	1 Enveloppe de couvercle.	d°			
—	H	1 Monture du couvercle (4 rivets C. R.).	Noyer paraffiné			
—	I	1 Charnière d° (1 axe acier mi-dur.	Acier dur			
—	J	1 Charnière de la collerette.	d°			
—	K	1 Piton de fermeture du couvercle.	d°			
—	L	1 Verrou d°	Acier mi-dur			
—	M	1 Piton d'attache de la lanière.	d°	Série pour au AV-T. V.C. complet.		
328	A	1 Cadre AR.	Tôle acier mi-dur			
—	B	1 Tirant supérieur.	d°			
—	C	1 Support	d°			
—	D	1 Cadre AV.	d°			
—	E	1 Support latéral	d°			
—	F	1 Support AV.	d°			
—	G	1 Entretoise inférieure	d°			
—	H	1 Entretoise supérieure.	d°			
—	I	2 Agrafes.	d°			
—	J	1 Anneau de fixation de la plaque mobile.	Acier mi-dur			
—	K	2 Boulons avec ergot (2 écrous, 2 goupilles).	d°			
—	L	2 d° d°	d°			
—	»	1 Lanière de tourniquet	Cuir hongroyé ép' 3			
329	A	5 Renforts de courroie.	Cuir fauve de 4 à 5 d'épaisseur			
—	B	5 Courroies (5 boucles, 5 ardillons, 5 passants).	d°			
—	C	1 Console guide de gauche d'étui de traits.	Tôle acier mi-dur			
329 bis	A	2 Branches de supports de timon.	Métal identique à celui des branches de support déjà livrées à la guerre			
298 800-500	A	1 Corps de timon	Frêne			
—	B	1 Boucle d'extrémité.	Acier mi-dur			

PIÈCES FORGÉES		PIÈCES USINÉES		ÉCHELONNEMENT DES LIVRAISONS	
FOURNISSEUR	QUANTITÉ	FOURNISSEUR	QUANTITÉ	PRÉVU :	RÉALISÉ :

NUMÉRO des PLANS	LETTRE	DÉSIGNATION DES GROUPES ET PIÈCES	QUALITÉ des MATIÈRES.	QUANTITÉS déjà commandées par GUERRE	à commander par GUERRE	
800-500 *(suite)*	C	1 Tôle d'extrémité AV du timon	Tôle acier mi-dur			
—	D	1 d° AR —	d°			
—	E	1 Axe d'articulation du timon (1 rondelle, 1 goupille). . .	Acier mi-dur			
—	F	1 Ferrure de l'axe	d°			
—	G	1 Support de l'axe.	d°	Série pour un AV-T. V.C. complet.		
801-501	A	1 Disque de fixation du timon (2 pitons acier dur)	d°			
—	B	1 Boulon d'attache du timon	Acier dur			
—	C	1 Ressort.	Acier ressort trempé			
—	D	1 Tube limitant la course du timon	Acier mi-dur			
—	E	2 Ferrures d'articulation du timon (sym.).	d°			
345	A	Renforts du châssis (symétriques) avec rivets.	Tôle acier demi-dur	»	10	
		Chaines Galle et barbotins comprenant :		»	5	
358	A	1 Barbotin AR.	Acier dur			
—	B	1 Barbotin AV.	d°			
—	C	1 Bague du barbotin AR	Bronze 3			
—	D	149 Maillons de chaine Galle (596 éléments).	Acier dur			
—	E	147 Fuseaux	d°			
—	F	1 Axe de démontage (1 tube entretoise Acier dur, 1 écrou, 1 rond., 1 goup. fend. Acier demi-dur).	d°	Série pour une chaine avec barbotin complet.		
—	G	1 Chape AR de la V. C., 1 goup. vissée.	d°			
—	H	1 Bague de l'entretoise AR, 1 écrou, 1 vis Acier demi-dur.	Bronze 3			
—	I	1 frein de la bague (1 boul., 1 écr., 1 goup.)	Acier dur			
—	J	1 Frottoir de la chaine	Bronze 3			
—	K	1 Crochet de retenue du câble.	Acier dur			
—	L	1 Axe du barbotin AR	d°			
—	M	2 Fuseaux spéciaux (2 tubes entretoises)	d°			
—	N	2 Boulons de fixation du crochet (2 écr., 2 goup.).	Acier demi-dur			
358	G	Chapes AR de la V. C., 1 goupille vissée	Acier dur	20	20	
		Verrous de retenue et taquet de V. C. comprenant :		»	12	
359	A	1 Verrou.	Acier dur	Série pour un verrou complet.		
—	B	1 Ressort du verrou	Ac. ress. trempé			
—	C	1 Levier de manœuvre du verrou	Acier demi-dur			

PIÈCES FORGÉES		PIÈCES USINÉES		ÉCHELONNEMENT DES LIVRAISONS	
FOURNISSEUR	QUANTITÉ	FOURNISSEUR	QUANTITÉ	PRÉVU :	RÉALISÉ :

NUMÉRO des PLANS	LETTRE	DÉSIGNATION DES GROUPES ET PIÈCES	QUALITÉ des MATIÈRES	QUANTITÉS déjà commandées par GUERRE	à commander par GUERRE
359 (suite)	D	1 Axe d'articulation, 1 rond., 1 goup. fend. Ac. demi-dur.	Acier demi-dur		
—	E	1 d° d°	d°		
—	F	1 Support du levier, 1 vis pointée. Ac. demi-dur	d°	Série pour un verrou complet.	
—	G	1 Patte d'attache du canon, 1 axe rivé, Ac. demi-dur. . .	d°		
—	H	1 Taquet d'entraînement du canon.	Acier dur		
—	I	1 Axe de retenue du ressort.	d°		
—	J	1 Ressort de taquet	Ac. ress. trempé		
359	A	Verrous de retenue	Acier dur	50	50
—	B	Ressorts du verrou.	Ac. ress. trempé	80	80
—	H	Taquets d'entraînement du canon	Acier dur	50	50
—	J	Ressorts de taquet	Ac. ress. trempé	80	80
		Galets de soulèvement du canon comprenant :		»	12
377	A	2 Galets de soulèvement	Acier dur		
—	B	4 Bagues des galets	Bronze 3		
—	C	2 Axes des galets, 2 goup. fendues, Ac. demi-dur	Acier dur		
—	D	1 Frottoir supérieur	Bronze 3		
—	E	2 Frottoirs inférieurs.	d°	Série pour un galet complet.	
—	F	1 Coin de soulèvement.	Bronze forgé		
—	G	1 d°	d°		
—	H	1 Vis de commande des coins	Acier dur		
—	I	1 Axe de la vis, 1 écrou, 1 goupille, Ac. demi-dur	d°		
—	J	1 Bague de support	Bronze 3		
—	K	1 d°	d°		
377	D	Frottoirs supérieurs	Bronze 3	20	20
—	E	Frottoirs inférieurs	d°	20	20
379	A	Supports-guides de la coulisse des galets AR commandés sur plan de forge n° 371 A, avec tôle de fermeture (Tôle acier demi-dur).	Acier dur	»	12

<table>
<tr><td colspan="2">PIÈCES FORGÉES</td><td colspan="2">PIÈCES USINÉES</td><td colspan="2">ÉCHELONNEMENT DES LIVRAISONS</td></tr>
<tr><td>FOURNISSEUR</td><td>QUANTITÉ</td><td>FOURNISSEUR</td><td>QUANTITÉ</td><td>Prévu :</td><td>Réalisé :</td></tr>
</table>

<table>
<tr><td colspan="2">PIÈCES FORGÉES</td><td colspan="2">PIÈCES USINÉES</td><td colspan="2">ÉCHELONNEMENT DES LIVRAISONS</td></tr>
<tr><td>FOURNISSEUR</td><td>QUANTITÉ</td><td>FOURNISSEUR</td><td>QUANTITÉ</td><td>Prévu :</td><td>Réalisé :</td></tr>
</table>

NUMÉRO des PLANS	LETTRE	DÉSIGNATION DES GROUPES ET PIÈCES	QUALITÉ des MATIÈRES	QUANTITÉS déjà commandées par GUERRE	QUANTITÉS à commander par GUERRE	
		Colliers de brêlage du canon comprenant :		»	12	
382	A	2 Colliers de brêlage en 2 parties, dont 1 suiv. cotes soul.	Acier dur			
—	B	2 Garnitures des colliers en 2 parties, 48 riv. Ac. extra-dur	Laiton			
—	C	4 Axes d'articulations, dont 2 suiv. cotes. soul. 4 goup . .	Acier dur			
—	D	2 Axes manivelles, 2 rond., 2 goupilles fendues, 2 ergots. Acier demi-dur.	dº	Série pour un collier complet.		
—	E	2 Supports d'arrêt des axes	dº			
—	F	2 Poignées des axes	Bronze 3			
—	G	2 Boîtes	Acier dur			
—	H	2 Ressorts des poignées.	Ac. ress. trempé			
—	I	2 Axes des poignées	Acier dur			
—	J	2 Contre-écrous des axes	dº			
382	H	Ressorts des poignées.	Ac. ress. trempé	60	60	
		Poignées complètes pour leviers AV et AR comprenant :		16	48	
382	F	2 Poignées des axes	Bronze 3	Série pour poignées complètes des colliers AV et AR.		A voir si les boîtes G font partie de la poignée complète.
—	H	2 Ressorts des poignées.	Ac. ress. trempé			
—	I	2 Axes des poignées	Acier dur			
—	J	2 Contre-écrous des axes	dº			
—	»	Prismes de repérage	Acier et cristal	16	48	
		Treuil de hissage complet comprenant :		»	1	
400	A	1 Bâti du treuil de hissage	Acier moulé			
401	A	1 Support de gauche de l'arbre porte-manivelle . . . . . (1 vis A. demi-dur pointée)	Acier dur			
—	B	1 support de droite (1 vis A. demi-dur pointée)	dº	Série pour un treuil complet.		
—	C	1 Pignon conique	dº			
—	D	1 — dº —	dº			
—	E	1 Roue conique	dº			
—	F	1 Pignon conique	dº			
402	A	1 Tambour du treuil.	Acier demi-dur			
—	B	1 Cône de friction	Bronze 3			

PIÈCES FORGÉES		PIÈCES USINÉES		ÉCHELONNEMENT DES LIVRAISONS	
FOURNISSEUR	QUANTITÉ	FOURNISSEUR	QUANTITÉ	Prévu :	Réalisé :

PIÈCES FORGÉES		PIÈCES USINÉES		ÉCHELONNEMENT DES LIVRAISONS	
FOURNISSEUR	QUANTITÉ	FOURNISSEUR	QUANTITÉ	Prévu :	Réalisé :

NUMÉRO des PLANS	LETTRE	DÉSIGNATION DES GROUPES ET PIÈCES	QUALITÉ des MATIÈRES	déjà commandées par GUERRE	à commander par GUERRE	
402 (suite)	C	1 Couvercle de la boîte.	Bronze 3			
—	D	4 Boulons de fixation du couvercle (4 goup. fend. A. d.-dur).	Acier dur			
403	A	1 Arbre du treuil (1 rond., écr. 1 goup. fend. A. demi-dur)	d°			
—	B	1 Tube-arbre du cône de friction.	d°			
—	C	1 Manchon d'embrayage de l'arbre.	d°			
—	D	3 Rondelles Belleville de serrage du cône de friction	Acier ressort			
—	E	1 Rondelle intermédiaire.	Acier dur			
—	F	1 Rondelle de serrage du cône.	d°			
—	G	1 Frein de la rondelle (1 goupille fendue. A. demi-dur).	d°			
—	H	1 Boîte du ressort	d°			
—	I	1 Ressort.	Acier ress. trempé			
—	J	1 Roue de vis sans fin	Acier doux			
—	K	1 Vis sans fin.	Acier dur			
404	A	1 Fourche de débrayage (2 goupilles fend. A. demi-dur).	d°			
—	B	2 Axes de la fourche (dont 1 suiv. cotes soul.). (2 rond, 2 goup. fend. A. demi-dur)	d°			
—	C	2 Galets de la fourche	Bronze forgé			
—	D	2 Axes des galets	Acier dur	Série pour un treuil complet.		
—	E	1 Tige de commande de la fourche.	d°			
—	F	1 Poignée de la tige (1 goup. fend. A. demi-dur)	d°			
—	G	1 Collier de billes.	Acier			
—	H	13 Billes de 10	Acier dur trempé			
—	I	1 Cuvette.	Acier doux cémenté trempé			
—	J	1 Contre-écrou de la cuvette	Acier dur			
—	K	1 Arbre de la vis sans fin (1 rondelle, 1 écrou, 1 goupille, Acier demi dur).	d°			
—	L	1 Couvercle du guide de sécurité (10 vis Acier demi dur).	d°			
—	M	1 Sécurité (en 2 parties), 1 rondelle Acier demi dur.	d°			
405	A	1 Bague de l'arbre portant le tambour (côté gauche)	Bronze 3			
—	B	1 Bague de l'arbre portant le tambour (côté droit)	d°			
—	C	1 Bague du tube-arbre (côté gauche)	d°			
—	D	1 Bague du tube-arbre (côté droit)	d°			
—	E	1 Bague du débrayage du tambour.	d°			
—	F	1 Bague de la cuvette.	d°			
—	G	2 Bagues de l'arbre de la vis sans fin.	d°			
—	H	1 Bague du support de gauche (côté manivelle).	d°			
—	I	1 Bague du support de gauche (côté pignon).	d°			

PIÈCES FORGÉES		PIÈCES USINÉES		ÉCHELONNEMENT DES LIVRAISONS	
FOURNISSEUR	QUANTITÉ	FOURNISSEUR	QUANTITÉ	PRÉVU :	RÉALISÉ :

NUMÉRO des PLANS	LETTRE	DÉSIGNATION DES GROUPES ET PIÈCES	QUALITÉ des MATIÈRES	QUANTITÉS	
				déjà commandées par GUERRE	à commander par GUERRE
405 (suite)	J	4 Bagues des pignons (dont 2 suivant côté souligné) . . .	Bronze 3		
—	K	2 Bagues du support de droite.	d°		
—	L	1 Bague de l'arbre de commande	d°		
—	M	1 Bague du levier de débrayage	d°		
406	A	1 Levier de manœuvre de l'embrayage	Acier dur		
—	B	1 Bouchon de gauche du levier	d°		
—	C	1 Support du levier	d°		
—	D	1 Axe du levier (1 écrou, 1 goupille fendue A. demi dur).	d°		
—	E	1 Bouchon de droite du levier.	d°		
—	F	1 Levier de commande du verrou de poignée (1 axe rivé) .	d°		
—	G	1 Verrou d'arrêt de la poignée.	d°		
—	H	1 Ressort du rappel du levier	Acier ressort trempé		
—	I	1 Écrou du verrou.	Acier dur		
—	J	1 Manchon d'embrayage	d°		
—	K	1 Levier de commande de la fourche de l'embrayage (1 rondelle, 1 écrou, 1 goupille fendue A. demi-dur).	d°		
—	L	2 Plateaux d'embrayage (2 vis Acier demi-dur)	Acier dur	Série	
407	A	1 Gaine AV protectrice du câble (2 boulons, 2 écrous, 2 goupilles Acier demi-dur)	Bronze 3	pour un treuil	
—	B	1 Gaine AR protectrice du câble (2 boulons, 2 écrous, 2 goupilles Acier demi-dur).	d°	complet.	
409	A	1 Arbre porte-manivelles (2 ergots, 1 rondelle, 1 goupille Acier demi dur).	Acier dur		
—	B	2 Manivelles des treuils.	d°		
—	C	2 Soies des manivelles (2 écrous, 2 contre-rivures Acier demi-dur)	d°		
—	D	2 Tubes des soies	C. R.		
—	E	1 Fourche de commande de l'embrayage des treuils. . . .	Acier dur		
—	F	2 Galets de la fourche (2 axes, 2 goupilles A. demi-dur) . .	d°		
—	G	1 Bague d'attache du câble	d°		
—	H	4 Vis de serrage des câbles	d°		
—	I	1 Butée de la bague (1 vis acier demi dur).	d°		
—	J	2 Anneaux d'attache des câbles (2 goupilles A. demi-dur) .	d°		
—	K	3 Bagues des câbles	d°		
—	L	1 Câble de 9 mètres de longueur (charge 7.530 kilogr.) . .	Acier fondu à 120ᵏ, Ame pplᵉ en chanvre, 6 torons de 37 fils à 0.6.		
—	M	1 Câble rallonge de 6 mètres de longueur (charge 7.530 kilogr.).	d°		
—	N	1 Crochet du câble rallonge (1 goupille Acier demi-dur). .	Acier dur		

PIÈCES FORGÉES		PIÈCES USINÉES		ÉCHELONNEMENT DES LIVRAISONS	
FOURNISSEUR	QUANTITÉ	FOURNISSEUR	QUANTITÉ	PRÉVU :	RÉALISÉ :

NUMÉRO des PLANS	LETTRE	DÉSIGNATION DES GROUPES ET PIÈCES	QUALITÉ des MATIÈRES	QUANTITÉS	
				déjà commandées par GUERRE	à commander par GUERRE
		Câbles des treuils complets comprenant :		»	60
409	G	1 Bague d'attache du câble	Acier dur		
—	H	4 Vis de serrage des câbles	d°	Série pour un câble complet.	
—	I	1 Butée de la bague (1 vis Acier demi-dur)	d°		
—	J	2 Anneaux d'attache des câbles (2 goupilles A. demi-dur).	d°		
—	K	3 Bagues des câbles	d°		
—	L	1 Câble de 9 mètres de longueur (charge 7.530 kilogr.). .	Acier fondu à 120^k, Ame pp^{le} en chanvre, 6 torons de 37 fils à 0,6.		
409	L	Câbles de 9 mètres de longueur (charge 7.530 kilogr.). .	Acier fondu à 120^k, Ame pp^{le} en chanvre, 6 torons de 37 fils à 0,6.	30	30
—	M	Câbles-rallonge de 6 mètres de longueur. . . } assemblés.	d°		
—	N	Crochets des câbles rallonge (1 goupille Acier-demi dur)	Acier dur	30	30
403	D	Rondelles Belleville de serrage du cône de friction . . .	Acier ressort	80	80
403	I	Ressorts de l'embrayage du treuil de hissage.	Acier ressort trempé	60	60
404	C	Galets de la fourche d'embrayage.	Bronze forgé	60	60
—	D	Axes des galets	Acier dur	60	60
—	G	Colliers à billes	Acier	20	20
—	H	Billes de 10	Acier dur trempé	780	780
406	H	Ressorts de rappel du levier.	Acier ressort trempé	60	60
		Treuil de transbordement comprenant :		»	4
425	A	1 Support de droite de l'arbre du barbotin AV.	Acier dur		
—	B	1 Support de gauche.	d°		
—	C	1 Ressort couvre-graisseur (1 bouton Acier doux).	Acier ressort trempé		
—	D	1 Bâti de la commande de l'arbre	Acier moulé		
—	E	1 Entretoise de l'AV du châssis	Tôle Acier demi-dur.	Série pour un treuil de transbordem^t complet	
—	F	1 Support du câble-rallonge.	d°		
—	G	2 Courroies, 2 boucles, 2 ardillons, 2 passants	Cuivre fauve ép^r 5		
—	H	2 Renforts des courroies (4 rivets en C. R.)	d°		
426	A	1 Arbre du barbotin AV (1 écrou, 1 rondelle, 1 goupille Acier demi dur)	Acier dur		
—	B	1 Roue de vis globique (1 goupille Acier-demi dur). . . .	Bronze phph. de frottement		
—	C	1 Vis globique (1 goupille acier demi-dur).	Acier dur		
—	D	1 Couvercle de la boîte de commande de l'arbre	Bronze 3		

PIÈCES FORGÉES		PIÈCES USINÉES		ÉCHELONNEMENT DES LIVRAISONS	
FOURNISSEUR	QUANTITÉ	FOURNISSEUR	QUANTITÉ	Prévu :	Réalisé :

NUMÉRO des PLANS	LETTRE	DÉSIGNATION DES GROUPES ET PIÈCES	QUALITÉ des MATIÈRES	QUANTITÉS déjà commandées par GUERRE	QUANTITÉS à commander par GUERRE
426 (suite)	E	3 Boulons de fixation du couvercle (3 écrous, 3 goupilles Acier demi-dur)	Acier doux		
—	F	1 Bague de l'arbre du barbotin (côté droit)	Bronze 3		
—	G	1 Bague de l'arbre du barbotin (côté gauche)	do		
427	A	1 Arbre de commande du treuil (1 écrou, 1 rondelle, 1 goupille Acier demi-dur)	Acier dur	Série pour un treuil de transbordem.t complet.	
—	B	1 Bague de l'arbre	Bronze 3		
—	C	1 Bague de l'arbre	do		
—	D	1 Collier à billes	Acier dur		
—	E	12 Billes de 10 millimètres	Acier trempé		
—	F	1 Bouchon de fileté de la boîte	Acier doux cémenté trempé		
—	G	1 Contre-écrou	Acier dur		
426	B	Roues de vis globiques (1 goupille Acier demi-dur)	Bronze phph.x de frottement	»	20
—	C	Vis globiques (1 goupille, Acier demi-dur)	Acier dur	»	20
429	A	Volants de manœuvre de la vis de commande de la chape (1 goupille Acier demi-dur)	Acier dur	10	60
—	D	Taquets d'immobilisation des verrous	do	50	50
—	E	Ressorts des taquets	do	80	80
—	F	Vis de commande de la chape	do	2	12
—	H	Chapes d'attache du canon	do	2	12
427	D	Colliers à billes		20	20
—	E	Billes de 10 millimètres		720	720
		Freins de voitures-canon complets comprenant :		»	8
446 bis	A	1 Tube de manœuvre	Tube Acier sans soudure 58 à 68		
—	B	2 Bras des patins (2 rondelles) symétriques	do		
—	C	2 Bouchons des extrémités des bras (2 goupilles Acier demi-dur)	Acier dur		
—	D	2 Écrous des bouchons (2 goupilles Acier demi-dur)	do	Série pour un frein complet.	
447 bis	A	1 Volant de manœuvre (1 goupille Acier demi-dur)	do		
—	B	1 Poignée du volant	Bronze 3		
—	C	1 Axe de la poignée (1 contre-rivure)	Acier dur		
—	D	2 Patins (symétriques)	do		
—	E	2 Supports de patin (symétriques)	do		

PIÈCES FORGÉES		PIÈCES USINÉES		ÉCHELONNEMENT DES LIVRAISONS	
FOURNISSEUR	QUANTITÉ	FOURNISSEUR	QUANTITÉ	Prévu :	Réalisé :

PIÈCES FORGÉES		PIÈCES USINÉES			
FOURNISSEUR	QUANTITÉ	FOURNISSEUR	QUANTITÉ	Prévu :	Réalisé :

NUMÉRO des PLANS	LETTRE	DÉSIGNATION DES GROUPES ET PIÈCES	QUALITÉ des MATIÈRES	QUANTITÉS	
				déjà commandées par GUERRE	à commander par GUERRE
447bis (suite)	F	1 Bague	Acier dur		
—	G	1 Manivelle de commande	d°		
—	H	1 Écrou de la vis	d°		
—	I	2 Clavettes (2 goupilles)	d°		
448	A	1 Support de la vis de frein de route	d°		
—	B	1 Cale du support	Acier mi-dur		
—	C	1 Bague du support	Bronze 3		
—	D	2 Supports du tube	Acier dur	Série pour un frein complet.	
—	E	1 Vis de serrage	d°		
—	F	1 Rondelle vissée (1 goupille)	Acier mi-dur		
—	G	1 Rondelle (1 goupille)	d°		
—	H	2 Boîtes des clapets graisseurs	Acier dur		
—	I	3 Clapets des ajutages	d°		
—	J	3 Ressorts	A. ressort trempé		
—	K	3 Ajutages des boîtes	Acier dur		
—	L	4 Vis de fixation	d°		
446 bis	B	Bras des patins (avec rondelles) (sym.)	Tube A. sans soudure 58 à 68	»	4
447 bis	D	Patins (symétriques)	Acier dur	60	75
—	E	Supports de patins (sym.)	d°	60	75
207	E	Récipient de 1 litre gradué en demi-décilitre	Fer-blanc	30	»
—	»	Jeux de goupilles comprenant 14 goupilles diverses	Acier doux	360	360
—	»	Séries de plans d'ensemble		30	30
212	A	Bidons à glycérine de 5 litres, pleins de liquide (récup\[r\])	Bidon du commerce	30	»
—	B	Bidons à glycérine de 5 litres, pleins de liquide (frein)	d°	30	»
230	A	Panneaux des roues	Rotin et fil de fer	480	»
		Collection de tracés d'ensemble de montage		30	30
		Pièces à fournir par la Guerre :			
230	A	Panneaux des roues	Rotin et fil de fer	»	480
—	»	Niveaux modèle 1888		120	120
—	»	Masses cuivre		120	120
—	»	Limes tiers-points bâtards de 15 c/m		120	120
—	»	Curettes en laiton		120	120

PIÈCES FORGÉES		PIÈCES USINÉES		ÉCHELONNEMENT DES LIVRAISONS	
FOURNISSEUR	QUANTITÉ	FOURNISSEUR	QUANTITÉ	Prévu :	Réalisé :

NUMÉRO des PLANS	LETTRE	DÉSIGNATION DES GROUPES ET PIÈCES	QUALITÉ des MATIÈRES	QUANTITÉS	
				déjà commandées par GUERRE	à commander par GUERRE
	»	Repoussoirs en bronze		120	120
	»	Chasse-goupilles.		120	120
	»	Instructions et données principales du matériel.		120	120
212	A	Bidons à glycérine de 5 litres (récupérateur).	Bidon du commerce	»	30
—	B	Bidons à glycérine de 5 litres (frein)	d°	»	30

Paris, 13 novembre 1916.

PIÈCES FORGÉES		PIÈCES USINÉES		ÉCHELONNEMENT DES LIVRAISONS	
FOURNISSEUR	QUANTITÉ	FOURNISSEUR	QUANTITÉ	Prévu :	Réalisé :

NUMÉRO des PLANS	LETTRE	DÉSIGNATION DES GROUPES ET PIÉCES	QUALITÉ des MATIÈRES	QUANTITÉS		
				déjà commandées par GUERRE	à commander par GUERRE	

PIÈCES FORGÉES		PIÈCES USINÉES		ÉCHELONNEMENT DES LIVRAISONS	
FOURNISSEUR	QUANTITÉ	FOURNISSEUR	QUANTITÉ	Prévu :	Réalisé :

PIÈCES FORGÉES		PIÈCES USINÉES		ÉCHELONNEMENT DES LIVRAISONS	
FOURNISSEUR	QUANTITÉ	FOURNISSEUR	QUANTITÉ	Prévu :	Réalisé :

NUMÉRO des PLANS	LETTRE	DÉSIGNATION DES GROUPES ET PIÈCES	QUALITÉ des MATIÈRES	QUANTITÉS	
				déjà commandées par GUERRE	à commander par GUERRE

PIÈCES FORGÉES		PIÈCES USINÉES		ÉCHELONNEMENT DES LIVRAISONS	
FOURNISSEUR	QUANTITÉ	FOURNISSEUR	QUANTITÉ	PRÉVU :	RÉALISÉ :
				PRÉVU :	RÉALISÉ :

NUMÉROS des PLANS	LETTRE	DÉSIGNATION DES GROUPES ET PIÈCES	QUALITÉ des MATIÈRES	QUANTITÉS		
				déjà commandées par GUERRE	à commander par GUERRE	

PIÈCES FORGÉES		PIÈCES USINÉES		ÉCHELONNEMENT DES LIVRAISONS	
FOURNISSEUR	QUANTITÉ	FOURNISSEUR	QUANTITÉ	PRÉVU :	RÉALISÉ :

NUMÉRO des PLANS	LETTRE	DÉSIGNATION DES GROUPES ET PIÈCES	QUALITÉ des MATIÈRES	QUANTITÉS		
				déjà commandées par GUERRE	à commander par GUERRE	

PIÈCES FORGÉES		PIÈCES USINÉES		ÉCHELONNEMENT DES LIVRAISONS	
FOURNISSEUR	QUANTITÉ	FOURNISSEUR	QUANTITÉ	Prévu :	Réalisé :

NUMÉRO des PLANS	LETTRE	DÉSIGNATION DES GROUPES ET PIÈCES	QUALITÉ des MATIÈRES	QUANTITÉS		
				déjà commandées par GUERRE	à commander par GUERRE	

<table>
<tr><td colspan="2">PIÈCES FORGÉES</td><td colspan="2">PIÈCES USINÉES</td><td colspan="2">ÉCHELONNEMENT DES LIVRAISONS</td></tr>
<tr><td>FOURNISSEUR</td><td>QUANTITÉ</td><td>FOURNISSEUR</td><td>QUANTITÉ</td><td>Prévu :</td><td>Réalisé :</td></tr>
</table>

<table>
<tr><td colspan="2">PIÈCES FORGÉES</td><td colspan="2">PIÈCES USINÉES</td><td colspan="2"></td></tr>
<tr><td>FOURNISSEUR</td><td>QUANTITÉ</td><td>FOURNISSEUR</td><td>QUANTITÉ</td><td>Prévu :</td><td>Réalisé :</td></tr>
</table>

NUMÉRO des PLANS	LETTRE	DÉSIGNATION DES GROUPES ET PIÈCES	QUALITÉ des MATIÈRES	QUANTITÉS		
				déjà commandées par GUERRE	à commander par GUERRE	

PIÈCES FORGÉES		PIÈCES USINÉES		ÉCHELONNEMENT DES LIVRAISONS	
FOURNISSEUR	QUANTITÉ	FOURNISSEUR	QUANTITÉ	Prévu :	Réalisé :
FOURNISSEUR	QUANTITÉ	FOURNISSEUR	QUANTITÉ	Prévu :	Réalisé :

NUMÉRO des PLANS	LETTRE	DÉSIGNATION DES GROUPES ET PIÈCES	QUALITÉ des MATIÈRES	QUANTITÉS		
				déjà commandées par GUERRE	à commander par GUERRE	

PIÈCES FORGÉES		PIÈCES USINÉES		ÉCHELONNEMENT DES LIVRAISONS	
FOURNISSEUR	QUANTITÉ	FOURNISSEUR	QUANTITÉ	PRÉVU :	RÉALISÉ :

PIÈCES FORGÉES		PIÈCES USINÉES		ÉCHELONNEMENT DES LIVRAISONS	
FOURNISSEUR	QUANTITÉ	FOURNISSEUR	QUANTITÉ	PRÉVU :	RÉALISÉ :

PIÈCES FORGÉES		PIÈCES USINÉES		ÉCHELONNEMENT DES LIVRAISONS	
FOURNISSEUR	QUANTITÉ	FOURNISSEUR	QUANTITÉ	PRÉVU :	RÉALISÉ :

PIÈCES FORGÉES		PIÈCES USINÉES		ÉCHELONNEMENT DES LIVRAISONS	
FOURNISSEUR	QUANTITÉ	FOURNISSEUR	QUANTITÉ	Prévu :	Réalisé :

NUMÉRO des PLANS	LETTRE	DÉSIGNATION DES GROUPES ET PIÈCES	QUALITÉ des MATIÈRES	QUANTITÉS	
				déjà commandées par GUERRE	à commander par GUERRE

PIÈCES FORGÉES		PIÈCES USINÉES		ÉCHELONNEMENT DES LIVRAISONS	
FOURNISSEUR	QUANTITÉ	FOURNISSEUR	QUANTITÉ	Prévu :	Réalisé :

NUMÉRO des PLANS	LETTRE	DÉSIGNATION DES GROUPES ET PIÈCES	QUALITÉ des MATIÈRES	QUANTITÉS	
				déjà commandées par GUERRE	à commander par GUERRE
		DÉSIGNATION DES GROUPES ET PIÈCES	QUALITÉ des MATIÈRES	déjà commandées par GUERRE	à commander par GUERRE

PIÈCES FORGÉES		PIÈCES USINÉES		ÉCHELONNEMENT DES LIVRAISONS	
FOURNISSEUR	QUANTITÉ	FOURNISSEUR	QUANTITÉ	Prévu :	Réalisé :

NUMÉRO des PLANS	LETTRE	DÉSIGNATION DES GROUPES ET PIÈCES	QUALITÉ des MATIÈRES	QUANTITÉS		
				déjà commandées par GUERRE	à commander par GUERRE	
NUMÉRO des PLANS	LETTRE	DÉSIGNATION DES GROUPES ET PIÈCES	QUALITÉ des MATIÈRES	déjà commandées par GUERRE	à commander par GUERRE	

PIÈCES FORGÉES		PIÈCES USINÉES		ÉCHELONNEMENT DES LIVRAISONS	
FOURNISSEUR	QUANTITÉ	FOURNISSEUR	QUANTITÉ	Prévu :	Réalisé :

NUMÉRO des PLANS	LETTRE	DÉSIGNATION DES GROUPES ET PIÈCES	QUALITÉ des MATIÈRES	QUANTITÉS	
				déjà commandées par GUERRE	à commander par GUERRE

PIÈCES FORGÉES		PIÈCES USINÉES		ÉCHELONNEMENT DES LIVRAISONS	
FOURNISSEUR	QUANTITÉ	FOURNISSEUR	QUANTITÉ	PRÉVU :	RÉALISÉ :

NUMÉRO des PLANS	LETTRE	DÉSIGNATION DES GROUPES ET PIÈCES	QUALITÉ des MATIÈRES	QUANTITÉS	
				déjà commandées par GUERRE	à commander par GUERRE

PIÈCES FORGÉES		PIÈCES USINÉES		ÉCHELONNEMENT DES LIVRAISONS	
FOURNISSEUR	QUANTITÉ	FOURNISSEUR	QUANTITÉ	Prévu :	Réalisé :

NUMÉRO des PLANS	LETTRE	DÉSIGNATION DES GROUPES ET PIÈCES	QUALITÉ des MATIÈRES	QUANTITÉS		
				déjà commandées par GUERRE	à commander par GUERRE	

NUMÉRO des PLANS	LETTRE	DÉSIGNATION DES GROUPES ET PIÈCES	QUALITÉ des MATIÈRES	QUANTITÉS		
				déjà commandées par GUERRE	à commander par GUERRE	

PIÈCES FORGÉES		PIÈCES USINÉES		ÉCHELONNEMENT DES LIVRAISONS	
FOURNISSEUR	QUANTITÉ	FOURNISSEUR	QUANTITÉ	Prévu :	Réalisé :

NUMÉRO des PLANS	LETTRE	DÉSIGNATION DES GROUPES ET PIÈCES	QUALITÉ des MATIÈRES	QUANTITÉS		
				déjà commandées par GUERRE	à commander par GUERRE	

PIÈCES FORGÉES		PIÈCES USINÉES		ÉCHELONNEMENT DES LIVRAISONS	
FOURNISSEUR	QUANTITÉ	FOURNISSEUR	QUANTITÉ	PRÉVU :	RÉALISÉ :

IMPRIMERIE CHAIX, RUE BERGÈRE, 20. PARIS — 14054-12-16

9 782013 669931